FORSCHUNGSBERICHTE DES LANDES NORDRHEIN-WESTFALEN

Nr. 2155

Herausgegeben im Auftrage des Ministerpräsidenten Heinz Kühn
von Staatssekretär Professor Dr. h. c. Dr. E. h. Leo Brandt

Privatdozent Dr.-Ing. Hans May

Institut für Wärmetechnik und Verbrennungsmotoren
der Rheinisch-Westfälischen Technischen Hochschule Aachen

Institutsleiter: Prof. Dr.-Ing. habil. F. A. F. Schmidt

Reaktionsvorgänge in Brennkammern und Schubdüsen im Hochtemperaturbereich

Springer Fachmedien Wiesbaden GmbH 1970

ISBN 978-3-663-20087-1 ISBN 978-3-663-20447-3 (eBook)
DOI 10.1007/978-3-663-20447-3

Verlags-Nr. 012155

Ursprünglich erschienen bei Westdeutscher Verlag GmbH, Köln und Opladen 1970.

Inhalt

Vorwort

Die Untersuchungen der thermodynamischen und reaktionskinetischen Vorgänge bei der Verbrennung im Hochtemperaturbereich und bei der Expansion in Schubdüsen stehen seit Jahren im Vordergrund des wissenschaftlichen Interesses. Obwohl zahlreiche grundlegende Arbeiten auf diesen Gebieten im In- und Ausland durchgeführt wurden, ist eine Anzahl bedeutender Probleme noch nicht hinreichend geklärt.

In der vorliegenden Arbeit werden die Vorgänge bei der Verbrennung von Kohlenwasserstoffen mit Sauerstoff bei hohen Drücken und bei der anschließenden Expansion in einer Schubdüse unter Einbeziehung des Einflusses des Wärmeübergangs auf die Zustandsänderung in der Brennkammer und Düse theoretisch und experimentell untersucht.

Die Brauchbarkeit der theoretischen Rechnung wird durch entsprechende Versuche an einer Modellbrennkammer mit nachgeschalteter Schubdüse nachgewiesen. Hierbei wird die Zuverlässigkeit der Flammentemperaturmessungen am Brennkammerende dadurch auf eine breitere Basis gestellt, daß zwei unterschiedliche Methoden zur Bestimmung der Flammentemperatur verwendet werden. Um eine Aussage über das Ausmaß der Rekombination in der Düse zu gewinnen, werden weiterhin Gastemperaturmessungen am Düsenaustritt durchgeführt und mit theoretischen Werten verglichen. Der Einfluß der Absorptionsvorgänge innerhalb der kälteren Randschichten der Flamme auf das Ergebnis der Temperaturmessung wird für zwei Düsenausführungen aufgezeigt.

Die Anregung zu dieser Arbeit verdanke ich Herrn Prof. Dr.-Ing. habil. F. A. F. Schmidt. In den von ihm geleiteten Instituten entstanden zahlreiche Arbeiten, die sich mit der Reaktionskinetik, der Zündung und Verbrennung befassen [1–8]. Insbesondere wurden in den letzten Jahren mehrere Arbeiten auf dem Hochtemperaturgebiet durchgeführt, denen sich die vorliegenden Untersuchungen anschließen.

Für die Möglichkeit, diese Arbeiten durchführen zu können, sowie für die ständige Unterstützung und wertvollen Ratschläge in wissenschaftlicher und technischer Hinsicht möchte ich Herrn Prof. Schmidt meinen besonderen Dank aussprechen. Ebenso möchte ich Herrn Prof. Dr.-Ing. W. Dettmering für zahlreiche wertvolle Anregungen und Hinweise vielmals danken.

Weiterhin bin ich Herrn Prof. Dr.-Ing. H. Heitland für zahlreiche Diskussionen und mehreren Mitarbeitern des Instituts, insbesondere den Herren Dipl.-Ing. H. Cremer und Dipl.-Ing. H. Fissan, für die Mitarbeit bei den theoretischen Berechnungen, dem Prüfstandsaufbau und der Versuchsdurchführung sehr zu Dank verpflichtet.

Die finanziellen Mittel für die Durchführung der Arbeiten wurden zum überwiegenden Teil von der Deutschen Forschungsgemeinschaft und dem Landesamt für Forschung des Landes Nordrhein-Westfalen zur Verfügung gestellt, denen ich für ihre großzügige Unterstützung ebenfalls meinen Dank aussprechen möchte.

Die numerischen Rechnungen wurden im Rechenzentrum der Technischen Hochschule Aachen auf der Datenverarbeitungsanlage CD 6400 durchgeführt. Für die hierfür zur Verfügung gestellte Rechenzeit danke ich dem Leiter des Rechenzentrums, Herrn Dr. rer. nat. D. Haupt.

1. Einleitung

Für die Auslegung und Weiterentwicklung von Hochleistungstriebwerken wie zum Beispiel Raketenmotoren und Staustrahlantrieben ist eine genaue Kenntnis der in der Brennkammer und Düse auftretenden Reaktionsvorgänge erforderlich. Dem Studium der Verbrennung, Zündung und Reaktionskinetik bei hohen Temperaturen sowie den in Zusammenhang hiermit stehenden Problemen der Triebwerksaerodynamik wird daher besondere Aufmerksamkeit gewidmet [2–41].

Bei der Berechnung des Schubes geht man im allgemeinen von der für die gewählte Treibstoffkombination bei vorgegebenen Anfangsbedingungen, wie beispielsweise Oxydationsverhältnis und Brennkammerdruck, sich ergebenden adiabaten Verbrennungstemperatur und den entsprechenden Konzentrationen aus, das heißt Wärmeverluste in der Brennkammer infolge Kühlung der Brennkammerwände werden vernachlässigt. Die Expansion in der Düse wird isentrop angenommen und üblicherweise für die beiden Hypothesen des eingefrorenen und chemischen Gleichgewichtes berechnet, das heißt, man nimmt einerseits an, daß sich die Gaszusammensetzung während der Expansion nicht ändert (eingefrorenes Gleichgewicht, Reaktionsgeschwindigkeit Null) und zum anderen, daß sich in der Düse dem jeweiligen Druck und der jeweiligen Temperatur entsprechend chemisches Gleichgewicht einstellt (Reaktionsgeschwindigkeit unendlich).

Der Unterschied, der sich nach beiden Expansionshypothesen für die Geschwindigkeit und Enthalpie am Düsenaustritt ergibt, entspricht dem Energiebetrag, der durch vollständige Rekombination der beim Zustand zu Beginn der Expansion vorhandenen dissoziierten Moleküle freigesetzt werden kann. Da infolge der endlichen Reaktionsgeschwindigkeiten bzw. der kurzen Verweilzeit des Gases in der Düse die Rekombination nicht vollständig ist, liegt der wirkliche Austrittszustand zwischen den beiden theoretischen Grenzfällen, die dem maximal und minimal erreichbaren Schub entsprechen.

Es sind zahlreiche Arbeiten bekanntgeworden, die sich mit der Berechnung des zeitlichen Reaktionsablaufes bzw. der Strömung mit chemischer Relaxation befassen mit dem Ziel, genauere Aussagen bezüglich des wirklichen Austrittszustands aus der Düse zu gewinnen, da dieser für die Berechnung des effektiven Schubes von wesentlichem Interesse ist [8, 16–23].

Die Durchführung derartiger Rechnungen ist je nach Treibstoffkombination wegen der Vielzahl der auftretenden Reaktionspartner sehr aufwendig und nur mit Datenverarbeitungsanlagen hoher Leistung durchführbar. Da verschiedene reaktionskinetische Daten (Reaktionsgeschwindigkeitskonstanten) nur ungenau vorliegen, ergibt sich unter Umständen eine gewisse Unsicherheit im Ergebnis der Rechnungen [19, 21]. Zur Verringerung des Rechenaufwandes wurden für viele grundlegende Untersuchungen einfachere Systeme, wie zum Beispiel Jod–Argon oder Fluor–Wasserstoff verwendet oder aber Näherungen in der Weise durchgeführt, daß lediglich die Rekombination einer oder mehrerer Komponenten mit den größten Rekombinationsgeschwindigkeiten bzw. -energien berücksichtigt wurden und daß die Strömung von einer bestimmten Düsenstelle an stromabwärts als eingefroren behandelt wird [5, 8, 21, 24–27]. Ein Kriterium für die Bestimmung des Einfrierpunktes wurde erstmalig von Bray [24] für die atomare Rekombination von Sauerstoff bei der Expansion von Luft angegeben.

Bei den bekanntgewordenen Arbeiten über die chemischen Vorgänge in Düsenströmungen wird meist vorausgesetzt, daß sich die inneren Energiezustände der Moleküle im Gleichgewicht befinden, entsprechend der Boltzmannschen Gleichung. Diese Voraussetzung trifft für die vibratorischen Energiezustände im allgemeinen nicht zu. Weiterhin findet eine gegenseitige Beeinflussung der chemischen und vibratorischen Relaxation statt. Der Energiebetrag, der auf die Vibration entfällt, ist allerdings gering im Vergleich zur Gesamtenergie der Strömung, so daß die vibratorischen Nichtgleichgewichtserscheinungen bei der Schubberechnung üblicherweise vernachlässigt werden [19, 26, 29–34].

Experimentelle Arbeiten über Rekombinationsvorgänge in Düsen sind verhältnismäßig wenig bekanntgeworden. Hierbei wird im allgemeinen der Temperaturverlauf längs der Düse bzw. die Expansionsendtemperatur, zum Teil aber auch der Druckverlauf, als Maß für den Grad der Rekombination herangezogen [6, 8, 27, 35–41].

Die Temperaturunterschiede, die sich theoretisch für die Grenzfälle chemisches und eingefrorenes Gleichgewicht ergeben, sind auch für kleine Druckverhältnisse im allgemeinen so groß, daß eine zuverlässige Aussage über die Rekombination auf Grund von Temperaturmessungen möglich ist. Hingegen sind die Unterschiede zwischen den für chemisches und eingefrorenes Gleichgewicht sich ergebenden Druckverläufen wesentlich geringer, so daß Druckverteilungsmessungen allein kaum für die Untersuchung von Rekombinationsvorgängen in Frage kommen. Konzentrationsmessungen längs der Düse wurden erstmalig von Wegener [35] unter Verwendung des Systems NO_2 und N_2O_4 durchgeführt. Für Mehrkomponentensysteme ist eine vollständige Erfassung der Konzentrationsverläufe außerordentlich schwierig, jedoch sind Meßergebnisse über die Konzentrationen von CO_2 am Düsenaustritt bei Verwendung einer festen Treibstoffkombination bekanntgeworden [42].

Bei den bisher veröffentlichten experimentellen Arbeiten über Rekombinationsvorgänge wurden überwiegend Versuchsbrennkammern mit nachgeschalteten Schubdüsen verwendet, um stationäre Versuchsbedingungen zu erzielen. Allerdings sind auch Versuche mittels Stoßrohren durchgeführt worden [40]. Im Hinblick auf die hohen Verbrennungstemperaturen ist eine Kühlung der Brennkammer- und Düsenwände bei stationärem Versuchsbetrieb unerläßlich. Da man für Laboratoriumsuntersuchungen aus verfahrenstechnischen und kostenmäßigen Gründen auf kleine Brennkammer- und Düsenabmessungen angewiesen ist, insbesondere wenn Sauerstoff statt Luft als Oxydator verwendet wird, kann die Wärmeabfuhr infolge Kühlung von wesentlichem Einfluß auf die Reaktionsvorgänge in der Brennkammer und Düse sein. Eine Übertragung der an kleinen Versuchsanlagen gewonnenen Ergebnisse auf Großraketentriebwerke, bei denen der Kühlungseinfluß im Hinblick auf die großen Abmessungen meist von untergeordneter Bedeutung ist, erscheint daher nur bedingt möglich.

Da der Einfluß der Kühlung auf die Reaktionsvorgänge und die Zustandsänderung des Gases bei den bisherigen experimentellen Untersuchungen vernachlässigt oder nur überschlägig berücksichtigt wurde, wird in der vorliegenden Arbeit unter anderem der Wärmeübergang in der Brennkammer und in der Düse sowie der Einfluß der abgeführten Wärmemenge auf den Temperatur- und Konzentrationsverlauf in der Brennkammer und Düse näher untersucht.

Die oben genannten theoretischen Grenzfälle für chemisches und eingefrorenes Gleichgewicht bei Voraussetzung einer adiabaten Verbrennung und einer isentropen Expansion werden ergänzt durch die theoretischen Grenzfälle des chemischen und eingefrorenen Gleichgewichtes unter Berücksichtigung des Einflusses der abgeführten Wärmemenge auf den Austrittszustand des Gases aus der Brennkammer und auf die Zustandsänderung während der Expansion in der Düse.

Zur Überprüfung der Brauchbarkeit der theoretischen Rechnung wurden an einer Versuchsbrennkammer mit nachgeschalteter Düse die abgeführten Wärmemengen und der Temperaturverlauf in der Brennkammerwand sowie die Gastemperatur am Brennkammerende gemessen und mit den theoretischen Werten verglichen.

Die Natrium-Spektrallinienumkehrmethode bzw. die spektrale Emissions-Absorptionsmethode werden am häufigsten zur Temperaturmessung benutzt und auch für die vorliegenden Untersuchungen verwendet. Die mit radiometrischen oder spektroskopischen Verfahren gemessenen Temperaturen stellen statistische Temperaturen dar, die nur im Falle des thermischen Gleichgewichtes mit der translatorischen Temperatur übereinstimmen. Eine Ausnahme bildet lediglich das Verfahren der Doppler-Verbreiterung, mit dem die translatorische Temperatur unmittelbar gemessen werden kann, das aber für Flammen praktisch nicht anwendbar ist, weil die Doppler-Verbreiterung erst bei wesentlich höheren Temperaturen als sie in Flammen auftreten, meßtechnisch genügend genau erfaßt werden kann. Da in der Reaktionszone von Flammen abnormale Anregungserscheinungen bzw. Abweichungen vom Gleichgewicht auftreten können, kann die Temperaturmessung leicht mit Fehlern behaftet sein. Aus diesen Gründen wurde neben der Na-Linie auch das OH-Spektrum der Flamme zur Temperaturbestimmung herangezogen. Sofern beide Verfahren zum gleichen Ergebnis führen, kann mit größerer Wahrscheinlichkeit angenommen werden, daß thermisches Gleichgewicht vorliegt und die gemessene Temperatur der translatorischen Gastemperatur entspricht, die üblicherweise als wirkliche Temperatur bezeichnet wird.

In der Düse wurden ebenfalls die abgeführten Wärmemengen und Wandtemperaturen zum Vergleich mit den theoretischen Werten gemessen. Weiterhin wurde die Druckverteilung längs der Düsenwand gemessen, um die Brauchbarkeit der Düsenauslegung zu überprüfen und um eine Aussage darüber zu gewinnen, ob der für eindimensionale Strömung berechnete Druckverlauf, der der Berechnung der konvektiven Wärmeübergangszahlen zugrunde gelegt wurde, hinreichend genau mit den Meßwerten übereinstimmt.

Weiterhin wurden die Gastemperaturen am Düsenaustritt gemessen und mit den für chemisches und eingefrorenes Gleichgewicht berechneten Temperaturen verglichen. Die zum Vergleich mit der Messung berechneten Temperaturen wurden zunächst für eine isentrope Expansion, ausgehend von der adiabaten Verbrennungstemperatur, ermittelt. Zum anderen wurden die Expansionsendtemperaturen unter Berücksichtigung des Einflusses der Kühlung der Brennkammer und Düse auf die Zustandsänderung des Gases berechnet. Man erhält mithin eine unterschiedliche Aussage über das Ausmaß der Rekombination, je nachdem, welche Expansionshypothese als theoretische Vergleichsbasis für die gemessenen Temperaturen gewählt wird.

Infolge der Kühlung der Brennkammer- und Düsenwände treten im Gas beachtliche Temperaturgradienten in Wandnähe auf. Da die vom heißeren Flammenkern emittierte Strahlung teilweise von den kälteren Randschichten absorbiert wird, mißt man nach den oben erwähnten optischen Temperaturmeßmethoden einen Mittelwert längs des optischen Weges. Dieser wird mit zunehmender Absorption in den wandnahen Schichten in Richtung zu niedrigeren Werten verschoben. Bei unterschiedlichen Düsenabmessungen kann man daher wegen des unterschiedlichen Kühlungseinflusses auch verschiedene Temperaturprofile und damit verschiedene Relationen zwischen dem Temperaturmaximum und der mittleren Temperatur erwarten. Hierüber sind bisher noch keine experimentellen Untersuchungen bekanntgeworden. Aus diesen Gründen wurden für zwei Düsen verschiedener Größe die Temperaturprofile mit Hilfe von quer zur Düsenachse durchgeführten Emissions- und Absorptionsmessungen ermittelt und miteinander verglichen.

Das Ziel der Arbeit besteht gemäß der vorhergehenden Ausführungen darin, die Be-

rechnungsgrundlagen zur Bestimmung der Zustandsänderung chemisch reagierender Gase in Düsen durch Berücksichtigung des Wärmeübergangs zu ergänzen. Weiterhin soll die Gastemperaturbestimmung durch vergleichende Temperaturmessungen und Berücksichtigung der Absorptionsvorgänge in der Flamme auf eine zuverlässigere Basis gestellt werden, da die genaue Kenntnis der Temperatur für die Beurteilung der wirklichen Zustandsänderung des Gases und als Grundlage für die Schubberechnung von besonderem Interesse ist.
Der Verfasser hofft, hiermit einen Beitrag zur Verbesserung der Berechnungsgrundlagen und zur Erweiterung der experimentellen Kenntnisse auf dem Gebiet der Hochtemperaturverbrennung liefern zu können.

II. Berechnung der adiabaten Verbrennungstemperatur und der Zustandsänderung bei isentroper Expansion

1. Adiabate Verbrennungstemperatur und Gaszusammensetzung

Für eine vorgegebene Treibstoffkombination bei gegebenem Oxydationsverhältnis und Brennkammerdruck ergibt sich die adiabate Verbrennungstemperatur und die Gaszusammensetzung bei Berücksichtigung der Dissoziationsvorgänge mit Hilfe der klassischen Gibbschen Hauptgleichung, den sich hieraus ergebenden Gleichgewichtskonstanten für die in Betracht kommenden Reaktionen, den Massenbilanzen und der Beziehung für den Gesamtdruck der Gasmischung.

Betrachtet man eine beliebige Reaktion der Form

$$a_1 A_1 + a_2 A_2 + a_3 A_3 + \cdots \rightleftharpoons b_1 B_1 + b_2 B_2 + \cdots$$

bzw.

$$\sum_{i=1}^{n} a_i A_i \rightleftharpoons \sum_{j=1}^{m} b_j B_j \tag{1}$$

in der a_i die Molzahlen der verschwindenden Reaktionspartner A_i und b_j die Molzahlen der entstehenden Reaktionsprodukte B_j bedeuten, so erhält man die Gleichgewichtskonstante aus der Beziehung

$$K_p = \frac{P_{B_1}^{b_1} \cdot P_{B_2}^{b_2} \cdot P_{B_3}^{b_3} \cdots}{P_{A_1}^{a_1} \cdot P_{A_2}^{a_2} \cdot P_{A_3}^{a_3} \cdots} = \frac{\prod_{j=1}^{m} P_{B_j}^{b_j}}{\prod_{i=1}^{n} P_{A_i}^{a_i}} \tag{2}$$

Das Symbol $\prod_{j=1}^{m}$ bedeutet die Produktbildung über alle $P_{B_j}^{b_j}$

Die auf die molare Konzentration bezogene Gleichgewichtskonstante K_c folgt hieraus unter Berücksichtigung der Gasgleichung zu

$$K_c = K_p \left(\frac{1}{\Re T}\right)^{\Sigma (b_j - a_i)} \tag{3}$$

Bei der Verbrennung von Kohlenwasserstoffen mit Sauerstoff, worauf die vorliegenden Untersuchungen beschränkt werden sollen, können insgesamt neun Komponenten im Abgas auftreten, und zwar CO_2, CO, H_2O, OH, H_2, O_2, O, H, C_{gas}.
Für die an der Verbrennung beteiligten Elemente C, H und O lassen sich sechs voneinander unabhängige Reaktionen formulieren. Diese und die zugehörigen Gleichgewichtskonstanten gemäß Gl. (2) lauten:

$$C_{gas} + O_2 \rightleftharpoons CO_2 \quad K_{p_1} = \frac{p_{CO_2}}{p_{C\,gas} \cdot p_{O_2}} \tag{4}$$

$$C_{gas} + \frac{1}{2} O_2 \rightleftharpoons CO \quad K_{p_2} = \frac{p_{CO}}{p_{C\,gas} \sqrt{p_{O_2}}} \tag{5}$$

$$H_2 + \frac{1}{2} O_2 \rightleftharpoons H_2O \quad K_{p_3} = \frac{p_{H_2O}}{p_{H_2} \sqrt{p_{O_2}}} \tag{6}$$

$$\frac{1}{2} H_2 + \frac{1}{2} O_2 \rightleftharpoons OH \quad K_{p_4} = \frac{p_{OH}}{\sqrt{p_{H_2}} \sqrt{p_{O_2}}} \tag{7}$$

$$2\,H \rightleftharpoons H_2 \quad K_{p_5} = \frac{p_{H_2}}{p_H^2} \tag{8}$$

$$2\,O \rightleftharpoons O_2 \quad K_{p_6} = \frac{p_{O_2}}{p_O^2} \tag{9}$$

Hierbei wird angenommen, daß fester Kohlenstoff weder in Form von Ruß noch als Bodenkörper vorhanden ist.
Bezeichnet man mit N_O, N_H und N_C die Gesamtzahl der Gramm-Atome der Elemente Sauerstoff, Wasserstoff und Kohlenstoff, die dem System mit den Reaktionspartnern zugeführt wurden, so lauten die Massenbilanzen:

$$N_O = 2\,n_{CO_2} + n_{CO} + n_{H_2O} + n_{OH} + 2\,n_{O_2} + n_O \tag{10}$$

$$N_H = 2\,n_{H_2O} + n_{OH} + 2\,n_{H_2} + n_H \tag{11}$$

$$N_C = n_{CO_2} + n_{CO} + n_{C\,gas} \tag{12}$$

Der Zusammenhang zwischen den Molzahlen n und den Partialdrücken ergibt sich aus der Beziehung

$$n_j = p_j \frac{n_{ges}}{p_{ges}} \tag{13}$$

mit $n_{ges} = \sum_{j=1}^{m} b_j$ als der Gesamtmolzahl und $p_{ges} = \sum_{j=1}^{m} p_j$ als dem Gesamtdruck. Die Gleichgewichtskonstante hängt bekanntlich nur von der Temperatur ab, so daß man bei gegebener Temperatur und gegebenem Druck die neun Molzahlen bei Gleichgewicht mittels der Gl. (4) bis (9) und (10) bis (12) unter Berücksichtigung von Gl. (13) ermitteln kann.
Die Verbrennungstemperatur T_1 ergibt sich aus dem ersten Hauptsatz. Bei Annahme von thermodynamischem Gleichgewicht und Verbrennung ohne Wärmezufuhr gilt:

$$\Delta H_T = \sum_{j=1}^{m} b_j H_{T,\,Bj} - \sum_{i=1}^{n} a_i H_{T,\,Ai} = 0 \tag{14}$$

In dieser Gleichung bedeutet H_T die absolute Enthalpie.

$$H_T = H_0 + \int_0^T c_p(T)\, dT \tag{15}$$

mit $c_p(T)$ als der spezifischen Wärme bei konstantem Druck und H_0 als der chemischen Energie bei Null K.

Für die numerische Berechnung der Gleichgewichtszusammensetzung und der Verbrennungstemperatur T_1 sind verschiedene Verfahren vorgeschlagen worden [13, 43–46].

Man kann zum Beispiel das Gleichungssystem zur Bestimmung der Partialdrücke in der Weise zusammenfassen, daß sich alle Partialdrücke als Funktion des Sauerstoffpartialdruckes darstellen lassen. Bei Annahme einer Verbrennungstemperatur lassen sich dann unter Zugrundelegung eines geschätzten Partialdruckes für Sauerstoff die einzelnen Partialdrücke der Reaktionsteilnehmer berechnen. Mit Hilfe der Massenbilanz für Sauerstoff kann die Brauchbarkeit der Schätzung überprüft und die Rechnung gegebenenfalls korrigiert werden. Da die Verbrennungstemperatur nicht bekannt ist, empfiehlt es sich, die Gleichgewichtszusammensetzung für mehrere angenommene Temperaturen zu ermitteln und mittels des ersten Hauptsatzes die richtige Verbrennungstemperatur zu bestimmen. Es ist auch möglich, wenn ein leistungsfähiger Rechner zur Verfügung steht, für mehrere Partialdrücke bzw. Molzahlen sowie für die Verbrennungstemperatur Schätzwerte anzunehmen und mit Hilfe des Rechners Verbrennungstemperatur und zugehörige Gleichgewichtszusammensetzung iterativ zu berechnen. Der letztgenannte Weg wurde auch für die vorliegenden Untersuchungen in Anlehnung an das von Huff, Gordon und Morell [46] angegebene Rechenverfahren gewählt. Die Rechnungen wurden im Rechenzentrum der Technischen Hochschule Aachen mit der Datenverarbeitungsanlage CD 6400 durchgeführt.

Die für die Rechnung erforderlichen thermodynamischen Daten, wie die chemische Energie am absoluten Nullpunkt H_0, die fühlbare Enthalpie $H_T - H_0 = \int_0^T c_p(T)\, dT$, die spezifische Wärme $c_p(T)$ und die Gleichgewichtskonstante K_p wurden den Werken von F. A. F. Schmidt [2] und Huff, Gordon und Morell [46] entnommen, wobei die tabellierten spezifischen Wärmen und die Enthalpiewerte durch vier- bis zehngradige Polynome in Abhängigkeit von der Temperatur und die Gleichgewichtskonstanten K_c durch eine Funktion der Form $K_c = A T^{\alpha} e^{-\beta/\Re T}$ approximiert wurden. Die maximalen Fehler, die sich hierdurch im Vergleich zu den Tabellenwerten ergeben, betragen 0,03–0,2%.

In Abb. 1 ist die berechnete Verbrennungstemperatur für die Reaktion CH_4 und $\lambda\, 2\, O_2$, die in der vorliegenden Arbeit im wesentlichen untersucht wird, in Abhängigkeit vom Oxydationsverhältnis und vom Brennkammerdruck für den Druckbereich, der den experimentellen Untersuchungen zugrunde gelegt wurde, wiedergegeben. Die Anfangstemperatur wurde mit 298°K gewählt. Infolge der Dissoziation tritt das Temperaturmaximum bekanntlich bei $\lambda = 0{,}85$–$0{,}9$ und nicht bei stöchiometrischem Mischungsverhältnis auf. Da der Dissoziationseinfluß durch den Druck zurückgedrängt wird, steigt die Verbrennungstemperatur mit zunehmendem Druck an, zum Beispiel um etwa 300 grd bei einer Drucksteigerung von 1 auf 10 kp/cm² bei $\lambda = 1$.

Die Änderung der Gaszusammensetzung mit steigendem Druck und entsprechend steigender Temperatur ist aus Tab. 1 ersichtlich. Zum Vergleich ist für die gleichen Brennkammerdrücke und das gleiche Oxydationsverhältnis die Gaszusammensetzung für die Reaktion $2\, H_2 + \lambda\, O_2$ angegeben. Bezogen auf die Konzentrationen bei 1 kp/cm² ändern sich die Verbrennungsprodukte H_2O und CO_2 bei der Verbrennung von CH_4

und O_2 um 7,7% und 11,5%, wenn der Verbrennungsenddruck von 1 kp/cm² auf 10 kp/cm² erhöht wird. Bei der Verbrennung von H_2 mit O_2 ergibt sich unter gleichen Bedingungen eine Zunahme der H_2O-Konzentration um 7,6%. Der Einfluß des Oxydationsverhältnisses auf die Gaszusammensetzung bei konstantem Druck ist für ein Beispiel aus Tab. 2 ersichtlich.

Tab. 1 Gaszusammensetzung bei der Verbrennung von Methan und Wasserstoff mit Sauerstoff in Abhängigkeit vom Brennkammerdruck p_1 bzw. von der adiabaten Verbrennungstemperatur T_1

$CH_4 + \lambda\, 2\, O_2$	$\lambda = 1$	Gaszusammensetzung in Volumen-%								
p_1	T_1	H_2O	OH	H_2	O_2	O	H	CO_2	CO	C_{gas}
1 kp/cm²	3051 K	39,34	8,58	7,46	8,59	4,21	5,02	11,09	15,71	$1{,}71 \cdot 10^{-9}$
5 kp/cm²	3261 K	41,39	8,86	6,89	8,15	3,51	3,87	11,92	15,41	$6{,}53 \cdot 10^{-9}$
10 kp/cm²	3357 K	42,37	8,91	6,61	7,94	3,19	3,41	12,36	15,21	$11{,}16 \cdot 10^{-9}$

$2\, H_2 + \lambda\, O_2$	$\lambda = 1$	Gaszusammensetzung in Volumen-%					
p_1	T_1	H_2O	OH	H_2	O_2	O	H
1 kp/cm²	3080 K	58,04	9,84	15,32	5,34	3,64	7,82
5 kp/cm²	3300 K	61,02	10,15	14,70	4,86	3,02	6,25
10 kp/cm²	3400 K	62,48	10,20	14,34	4,65	2,74	5,59

Tab. 2 Gaszusammensetzung bei der Verbrennung von Methan mit Sauerstoff in Abhängigkeit vom Oxydationsverhältnis bzw. von der adiabaten Verbrennungstemperatur T_1

$CH_4 + \lambda\, 2\, O_2$ $p_1 = 5$ kp/cm²		Gaszusammensetzung in Volumen-%								
λ	T_1	H_2O	OH	H_2	O_2	O	H	CO_2	CO	C_{gas}
0,6	3037 K	37,26	1,90	24,34	0,13	0,22	3,89	5,50	26,76	$8{,}9 \cdot 10^{-9}$
1,0	3261 K	41,39	8,86	6,89	8,15	3,51	3,87	11,92	15,41	$6{,}5 \cdot 10^{-9}$
1,8	3073 K	33,92	7,74	1,60	31,78	3,88	1,11	14,74	5,23	$1{,}6 \cdot 10^{-9}$

2. Temperatur- und Konzentrationsverlauf bei isentroper Expansion für chemisches und eingefrorenes Gleichgewicht

Bei der theoretischen Berechnung der Expansion in der Düse bzw. der Austrittsgeschwindigkeit wird im allgemeinen der Eintrittszustand in die Düse gleich dem Brennkammerzustand gesetzt und angenommen, daß keine Wärmeabfuhr in der Brennkammer erfolgt und thermodynamisches Gleichgewicht vorliegt. Die Voraussetzung von thermodynamischem Gleichgewicht ist insbesondere bei kurzen Brennkammern nicht immer mit hinreichender Genauigkeit erfüllt, worauf im Abschnitt VII näher eingegangen wird. Ebenso ist die Vernachlässigung des Wärmeübergangs bei kleinen Brennkammern und Düsen im allgemeinen nicht zulässig.

Weiterhin wird üblicherweise eine isentrope Zustandsänderung und eindimensionale Strömung angenommen und der Zustand des Gases bei Austritt aus der Düse für die beiden theoretischen Grenzfälle des eingefrorenen und chemischen Gleichgewichtes berechnet. Bei eingefrorener Strömung wird vorausgesetzt, daß sich die bei Eintritt in die Düse vorhandene Gaszusammensetzung während der Expansion nicht ändert, während bei Gleichgewichtsströmung eine Rekombination der dissoziierten Moleküle als Folge der Temperatur- und Druckabsenkung in der Düse mit unendlich großer Reaktionsgeschwindigkeit angenommen wird. Wegen der endlichen Reaktionsgeschwindigkeit ist die Rekombination in der Düse nicht vollständig, so daß der wirkliche Gaszustand, wie bereits erwähnt, zwischen den beiden Grenzfällen liegt.

Die Temperatur und Gleichgewichtszusammensetzung der Reaktionsprodukte bei isentroper Expansion vom Verbrennungsendzustand auf einen vorgegebenen Druck erhält man aus den Dissoziationsgleichungen bzw. Gleichgewichtskonstanten, den Massenbilanzen, der Gesamtdruckbeziehung und aus der Bedingung, daß sich die Entropie des Systems nicht ändert. Das Gleichungssystem stimmt also mit dem System für die Berechnung der Verbrennungstemperatur überein bis auf die Entropiebeziehung, die an die Stelle des 1. Hauptsatzes tritt.

Für die Entropie eines Moles einer Gasmischung gilt:

$$s_{m,T,p} = \sum_{j=1}^{n} x_j s_{j,T}^0 - \Re(\ln p + \sum_{j=1}^{n} x_j \ln x_j) \tag{16}$$

Hierin bedeuten $x_j = n_j/n_{ges}$ die Molanteile und $s_{j,T}^0$ die molare Entropie einer Komponente j beim Bezugsdruck 1 Atm und der Temperatur T.

Bezeichnet man die Zustände vor und nach der Expansion mit 1 und 2, so ergibt sich für eingefrorenes Gleichgewicht:

$$\sum_{j=1}^{n} x_j (s_{j,T_1}^0 - s_{j,T_2}^0) = \Re \ln \frac{p_1}{p_2} \tag{17}$$

da x_j sich nicht ändert. Hat man die Austrittstemperatur T_2 bestimmt, so folgt die Ausströmgeschwindigkeit aus dem Energiesatz

$$\frac{1}{2} M_m (w_2^2 - w_1^2) = \sum_{j=1}^{n} x_j (H_{j,T_1} - H_{j,T_2}) \tag{18}$$

mit

$$M_m = \sum_{j=1}^{n} x_j M_j \tag{19}$$

als der mittleren Molmasse und $H_{j,T}$ als der molaren (absoluten) Enthalpie. Die Eintrittsgeschwindigkeit w_1, die bei den für die vorliegenden Untersuchungen gewählten Brennkammerabmessungen etwa 30 m/sec betrug, wurde bei der Rechnung berücksichtigt.

Bei Expansion im chemischen Gleichgewicht ändern sich die Molanteile bei der Expansion. Bezieht man die Rechnung auf die mittlere Molmasse M_{mT_1} am Ende der Verbrennung, so folgt aus der Gleichheit der Entropie vor und nach der Expansion aus Gl. (16) für chemisches Gleichgewicht:

$$\sum_{j=1}^{n}\left[x_{j,T_1,p_1}(s^0_{j,T_1}-\Re \ln x_{j,T_1,p_1})-\frac{M_{m1}}{M_{m2}}x_{j,T_2,p_2}(s^0_{j,T_2}-\Re \ln x_{j,T_2,p_2})\right]$$

$$=\Re\left[\ln p_1-\frac{M_{m1}}{M_{m2}}\ln p_2\right] \tag{20}$$

Hieraus läßt sich T_2 auf iterativem Wege finden. Die Austrittsgeschwindigkeit w_2 erhält man analog zu Gl. (18) aus

$$\frac{1}{2}M_{m1}(w_2^2-w_1^2)=\sum_{j=1}^{n}x_{j,T_1,p_1}H_{j,T_1}-\frac{M_{m1}}{M_{m2}}\sum_{j=1}^{n}x_{j,T_2,p_2}H_{j,T_2} \tag{21}$$

In Abb. 2 ist für einige Druckverhältnisse, die den für die geplanten Versuche gewählten Werten entsprechen, die Expansionsendtemperatur für chemisches und eingefrorenes Gleichgewicht im Vergleich zur adiabaten Verbrennungstemperatur in Abhängigkeit vom Oxydationsverhältnis für das System Methan und Sauerstoff wiedergegeben. Bei einer Druckabsenkung von 8 auf 1 kp/cm² bei $\lambda = 1$ beträgt der Unterschied der Expansionsendtemperaturen, die sich nach beiden Expansionshypothesen ergeben, etwa 540 grd. Abb. 3 zeigt die Gaszusammensetzung in Abhängigkeit vom Druckverhältnis in der Düse bei einem Oxydationsverhältnis von $\lambda = 1$ und einem Brennkammerdruck von 8 kp/cm². Die gestrichelte Linie entspricht dem Auslegungsdruckverhältnis der Versuchsdüse von etwa 1 : 8. Die entsprechende relative Änderung der Gaszusammensetzung während der Expansion im chemischen Gleichgewicht ist in Abb. 4 dargestellt. Für das hier gezeigte Beispiel nimmt die CO_2-Konzentration um 37% und die H_2O-Konzentration um 18% bei entsprechender Abnahme der dissoziierten Bestandteile während der Expansion zu.

Zum Vergleich sind in Abb. 5 die relative Konzentrationsänderung in der Düse für das System Wasserstoff und Sauerstoff bei $\lambda = 1$ wiedergegeben und die erheblichen Unterschiede aufgezeigt, die sich hinsichtlich des Konzentrationsverlaufes bei größerer Druckabsenkung entsprechend einem Druckverhältnis von 1 : 100 ergeben.

Für die Durchführung der Rechnung mit Kühlung ist die Kenntnis der geometrischen Abmessungen der Brennkammer und Düse erforderlich. Daher soll zunächst deren Auslegung und der Prüfstandsaufbau behandelt werden.

III. Brennkammerprüfstand mit Schubdüse

1. Prüfstandbeschreibung

Der für die experimentellen Untersuchungen aufgebaute Prüfstand ist schematisch in Abb. 6 dargestellt. Brenngas und Oxydator werden von jeweils einer Flaschenbatterie, bestehend aus 6 Flaschen Brenngas und zweimal 12 Flaschen Sauerstoff, über einen Durchflußmesser, einen Vorwärmer und eine Explosionssicherung dem Brenner zugeführt. Aus Sicherheitsgründen ist die Explosionssicherung mit einer Flammensperre ausgerüstet und mit einer Stickstoffleitung verbunden, aus der bei Betätigung des Notausschalters Druckstickstoff einströmt und somit einen eventuell auftretenden Brand löscht. Bei Auftreten eines Flammenrückschlages werden Sauerstoff- und Brenngaszufuhr durch ein Rückschlagventil abgesperrt. Gleichzeitig öffnet das in der Explosionssicherung eingebaute federbelastete Entlüftungsventil und über einen Druckwächter das Magnetventil für die Stickstoffzufuhr.

Der Brenner ist mit 56 Bohrungen für die Sauerstoffzufuhr, die auf zwei Radien verteilt sind, und mit 48 Bohrungen für die Brenngaszufuhr vorgesehen, die ebenfalls auf zwei Radien verteilt sind. Die Durchmesser der Bohrungen sind 3,5; 3,2 und 2 mm. Um eine gute Durchmischung von Sauerstoff und Brenngas zu erreichen, sind die Zufuhrbohrungen für Sauerstoff etwa senkrecht zu den Brenngasbohrungen angebracht. Außerdem wurde ein Teil der Brenngasbohrungen zwischen den Sauerstoffbohrungen angeordnet. In Achsrichtung des Brenners befindet sich eine Bohrung für die Zufuhr von Natrium für die Temperaturmessung mittels der Na-Spektrallinie bei 5890 Å. Hierfür wird Natriumnitriddampf mit Sauerstoff als Trägergas verwendet.

Aus Gründen der einfacheren Regelung wird der Sauerstoff für die Na-Zufuhr einer separaten Batterie entnommen.

Die Brennkammer besteht aus fünf Segmenten, die mit zylindrischen Kühlkanälen versehen und achteckig um den Brennraum angeordnet sind. Die Kühlwassereintritts- und -austrittstemperatur wird für jedes Segment gesondert gemessen. Der Kühlwasserdurchsatz durch die einzelnen Segmente wurde so eingeregelt, daß sich ein ungefähr gleicher Kühlwasserdurchsatz je Längeneinheit der Brennkammer ergibt.

Als Werkstoff für Brenner, Brennkammer und Düse wurde ein hochhitzebeständiger Stahl mit der Zusammensetzung 20% Ni, 25% Cr, 2% Si, 2% Mn (Werkstoff-Nr. 4841) verwendet. In den Brennkammersegmenten 2–5 (vgl. Abb. 6) werden die Innenwandtemperaturen sowie der statische Druck gemessen. Ferner sind in jedem dieser vier Segmente mit Stickstoff gekühlte Quarzfenster angebracht, um die Temperatur auf optischem Wege messen zu können.

Im Hinblick auf die Temperaturmessungen wurde die Brennkammer starr an einen in allen Richtungen verschiebbaren Schlitten montiert, so daß ein Verschieben in axialer oder radialer Richtung während des Betriebes möglich ist. Damit auch Schubmessungen durchgeführt werden können, ist zusätzlich eine pendelnde Aufhängung vorgesehen.

Die Düse ist ebenfalls wassergekühlt und mit zwei gegenüberliegenden Stegen versehen, um entweder Druckmeßbohrungen oder Bohrungen zur Aufnahme von Thermoelementen für Wandtemperaturmessungen anbringen zu können.

Zum Zünden der Brennkammer werden Wasserstoff und Luft verwendet, die über einen gesonderten Zündkopf zugeführt und durch eine Zündkerze gezündet werden. Der Abgasstrahl tritt in ein gekühltes Abgasrohr ein und wird über einen Schalldämpfer in die Atmosphäre geleitet.

In Abb. 7 ist eine Ansicht des Prüfstandes mit dem für die Temperaturmessung verwendeten 3,4-m-Ebert-Gitterspektrographen und dem Brennkammerfahrpult wiedergegeben. Abb. 8 zeigt eine Ansicht der Brennkammer mit Düse und Abb. 9 eine Ansicht der montierten Brennkammer.

2. Auslegung von Brennkammer und Versuchsdüse

Für die Beurteilung von Brennkammern von Raketentriebwerken werden üblicherweise charakteristische Kennwerte verwendet. Es sind dies die

charakteristische Geschwindigkeit

$$C^* = \frac{p_B F_{\min}}{m_g} \tag{22}$$

mit P_B = Brennkammerdruck, $F_{\min}$ = engster Querschnitt der Düse und m_s = Massendurchsatz pro Sekunde, die bei ausgeführten Raketenbrennkammern nach [15] zwischen 800–1800 m/sec liegt, und die
charakteristische Länge

$$L^* = \frac{V_B}{F_{\min}} = L_B \frac{F_B}{F_{\min}} \tag{23}$$

die als Verhältnis des Brennkammervolumens $V_B = L_B F_B$ zum engsten Querschnitt $F_{\min}$ definiert ist. Die Verweilzeit t_v des Gases in der Brennkammer ergibt sich unter Berücksichtigung der Kontinuitätsgleichung in Abhängigkeit von beiden Kenngrößen zu

$$t_v = \frac{L^* C^*}{R_m T_B} \tag{24}$$

wenn T_B die Brennkammertemperatur bedeutet. Die charakteristische Länge L^* kann somit als Maß für die Verweilzeit gedeutet werden. Da die erforderliche Zeit für die Aufbereitung und Verbrennung für unterschiedliche Treibstoffkombinationen und Oxydationsverhältnisse verschieden ist, hängt die charakteristische Länge in erster Linie vom verwendeten Treibstoffsystem ab. Es sind verschiedene Arbeiten bekanntgeworden, in denen die charakteristische Länge bzw. das erforderliche Brennkammervolumen näherungsweise aus reaktionskinetischen Überlegungen berechnet wurde [8, 15, 47, 48]. Im allgemeinen ist es jedoch üblich, die optimalen Brennkammerabmessungen durch Versuche zu ermitteln. Bei üblichen Raketentriebwerken liegen die charakteristischen Längen zwischen 1,5 bis 3 m und die Verweilzeiten zwischen $2 \cdot 10^{-3}$ bis $7 \cdot 10^{-3}$ sec.

Aus Gründen der Gewichtsersparnis ist man bei der Auslegung eines Raketentriebwerkes im allgemeinen bestrebt, mit einem möglichst kleinen Brennkammervolumen auszukommen, sofern eine ausreichende Verbrennung gewährleistet ist. Bei der Auslegung einer Brennkammer für Laboratoriumsuntersuchungen wie im vorliegenden Fall kommen noch zusätzliche Gesichtspunkte in Betracht.

Beispielsweise ist es für die Durchführung zuverlässiger Temperaturmessungen am Brennkammerende erforderlich, daß die Verbrennung für den in Frage kommenden Bereich des Oxydationsverhältnisses abgeschlossen ist. Um die Wärmeverluste durch Kühlung in der Brennkammer gering zu halten, ist es außerdem zweckmäßig, einen nicht zu kleinen Durchmesser der Brennkammer zu wählen, weil bei gleichem Volumen die zu kühlende Oberfläche bei einer kürzeren Kammer mit größerem Durchmesser kleiner ist als bei einer längeren Kammer mit kleinerem Durchmesser. Aus diesen Gründen wurde für die Versuchsbrennkammer eine größere charakteristische Länge als oben angegeben vorgesehen.

Für die erste Versuchsserie wurden folgende Brennkammer- und Düsenabmessungen gewählt:

Brennkammerdurchmesser	D_B	=	50 mm
Durchmesser des engsten Querschnittes der Düse	$d_{\min}$	=	10 mm
Brennkammerlänge	L_B	=	320 mm

Damit ergibt sich eine charakteristische Länge von $L^* = 8$ m.

Die Abmessungen der Düse betrugen:

Durchmesser des engsten Querschnittes	$d_{\min}$	=	10 mm
Durchmesser des Endquerschnittes	d_e	=	13,52 mm

Halber Öffnungswinkel	α	$= 6°$
Gesamtlänge	L_D	$= 52{,}10$ mm
Auslegungsdruckverhältnis für eingefrorenes Gleichgewicht	p_2/p_1	$= 1/7{,}9$
Auslegungsdruckverhältnis für chemisches Gleichgewicht	p_2/p_1	$= 1/6{,}85$

Der Einlauf wurde bisinusoidal und der Erweiterungsteil konisch ausgeführt.
In Tab. 3 sind die für diese Brennkammer und Düse berechneten charakteristischen Geschwindigkeiten C^* und Verweilzeiten t_v in Abhängigkeit vom Oxydationsverhältnis bei einem Druck von 8 kp/cm² angegeben. Zum Vergleich sind auch die mittleren

Tab. 3 Charakteristische Geschwindigkeit C^*, Verweilzeit t_v, Geschwindigkeit in der Brennkammer w_B und Massendurchsatz m_s für chemisches und eingefrorenes Gleichgewicht $L^* = 8$ m, $d_{\min} = 10$ mm

$CH_4 + \lambda\, 2\, O_2$ $p_1 = 8$ kp/cm²				
		$\lambda = 0{,}6$	$\lambda = 1{,}0$	$\lambda = 1{,}8$
Größe	Einheit	Eingefrorenes Gleichgewicht		
C^*	m/sec	1833	1723	1520
t_v	10^{-3} sec	10,1	10,96	12,3
w_B	m/sec	31,7	29,2	26,0
m_s	kg/sec	0,0336	0,0358	0,0406
		Chemisches Gleichgewicht		
C^*	m/sec	1880	1777	1568
t_v	10^{-3} sec	10,7	11,3	12,7
w_B	m/sec	30,9	28,3	25,2
m_s	kg/sec	0,0328	0,0347	0,0393

Geschwindigkeiten in der Brennkammer w_B und die Massendurchsätze m_s aufgeführt. Die Rechnung wurde für adiabate Verbrennung und isentrope Expansion unter Voraussetzung von chemischem und eingefrorenem Gleichgewicht durchgeführt. Bei Annahme einer eingefrorenen Strömung ergibt sich ein größerer Durchsatz und somit eine höhere Geschwindigkeit und kleinere Verweilzeit in der Brennkammer als bei Annahme von chemischem Gleichgewicht, wenn in beiden Fällen gleiches Oxydationsverhältnis vorausgesetzt wird. Vergleicht man die Verweilzeiten miteinander, die sich bei verschiedenen Oxydationsverhältnissen ergeben, so läßt sich mit kleiner werdendem Oxydationsverhältnis eine Verringerung der Verweilzeit feststellen, für eingefrorenes Gleichgewicht zum Beispiel um 18% bei einer Änderung des Oxydationsverhältnisses von $\lambda = 1{,}8$ auf $\lambda = 0{,}6$. Man kann mithin erwarten, daß sich mit kleiner werdendem Sauerstoffüberschuß bzw. zunehmendem Sauerstoffmangel die Reaktionszone in der Brennkammer in Richtung zur Düse verschiebt, wenn angenommen wird, daß die erforderliche Zeit für die Gemischaufbereitung und Verbrennung in etwa gleichbleibt.
Diese Überlegung wird durch die Versuchsergebnisse (vgl. Abschnitt IX) bestätigt. Bei Sauerstoffmangel erstreckte sich die Reaktionszone bis in die Düse, so daß eine zuverlässige Temperaturmessung bei kleinen Oxydationsverhältnissen nicht möglich ist.

Aus diesen Gründen wurde eine vergrößerte Brennkammer mit gleicher Länge und einem Durchmesser von 75 mm gebaut. Die nachgeschaltete Düse wurde ebenfalls mit einem Durchmesser des engsten Querschnittes von 10 mm ausgeführt, so daß sich eine charakteristische Länge von 18 m und eine Vergrößerung der Verweilzeit von ca. 120% bei gleichem Durchsatz ergibt. Die mit dieser Brennkammer zusätzlich durchgeführten Versuche sind in Abschnitt IX wiedergegeben und den Ergebnissen gegenübergestellt, die mit der ersten Brennkammerausführung erzielt wurden.

3. Theoretischer Temperatur- und Konzentrationsverlauf bei isentroper Expansion längs der Versuchsdüse

In Abb. 10 ist der berechnete Temperaturverlauf für isentrope Expansion im chemischen und eingefrorenen Gleichgewicht längs der Achse der Versuchsdüse dargestellt. Zum Vergleich ist die Düsenkontur mit eingezeichnet. Der Unterschied der Expansionsendtemperaturen beträgt hierbei etwa 600 grd und ist somit hinreichend groß, um eine Aussage über das Ausmaß der Rekombination auf Grund von Temperaturmessungen machen zu können. Die entsprechenden Verweilzeiten und Geschwindigkeiten in der Düse sind für die Annahme von chemischem Gleichgewicht in Abb. 11 wiedergegeben. Der Temperaturunterschied, der sich für die Hypothesen des chemischen und eingefrorenen Gleichgewichts ergibt, nimmt mit größer werdendem Druckverhältnis zu, ebenso der Unterschied der Austrittsgeschwindigkeiten w_2 bzw. des spezifischen Schubes. Dies ist aus Abb. 12 ersichtlich, in der diese Größen in Abhängigkeit vom Druckverhältnis der Düse für einen Brennkammerdruck von 8 kp/cm² bei einer Verbrennungsendtemperatur von $T_1 = 3326$ K wiedergegeben sind. Der spezifische Schub s ist bekanntlich definiert als der auf den Massendurchsatz bezogene Schub S.

$$s = \frac{S}{m_s} = \frac{m_s w_2 + F_2(p_2 - p_a)}{m_s} \tag{25}$$

mit F_2 = Endquerschnitt der Düse und p_a = Außendruck. Für eine angepaßte Düse, die bei der Rechnung vorausgesetzt wurde, erhält man dann

$$s = w_2$$

Die relative Konzentrationsänderung längs der Achse der Versuchsdüse bei isentroper Expansion und chemischem Gleichgewicht ist in Abb. 13 dargestellt. Die Verbrennungsendprodukte CO_2 und H_2O nehmen während der Expansion um 32 bzw. 15% im Vergleich zu der Konzentration am Düseneintritt, die der adiabaten Verbrennungstemperatur bei dem vorgegebenen Druck entspricht, zu. Die größte Konzentrationsabnahme erhält man für die atomaren Komponenten O und H, die um 40 bzw. 34% abnehmen.

Die numerische Berechnung der Zustandsänderung längs der Düse wurde in der Weise vorgenommen, daß für einen Massendurchsatz von 1 kg/sec für einen jeweils vorgegebenen Druck die zugehörigen Werte für Gaszusammensetzung, Temperatur und Geschwindigkeit sowie mit Hilfe der Kontinuitätsgleichung die erforderliche Querschnittsfläche ermittelt wurden. Um den zum engsten Querschnitt zugehörigen Expansionsdruck möglichst genau zu bestimmen, wurde im Bereich des engsten Querschnitts die Rechnung mehrfach mit jeweils halbierten Druckintervallen wiederholt. Zur Abkürzung des Rechenaufwandes wurde die Rechnung bis zu Druckstufen von 0,05 kp/cm² durchgeführt und dann mittels dreier Wertepaare für Druck und Querschnittsfläche unmittelbar vor und hinter dem engsten Querschnitt eine funktionale Abhängigkeit (als Parabel) von Druck und Querschnitt bestimmt. Das Minimum dieser Funktion liefert dann die Zuordnung von Druck und engstem Querschnitt. Aus den auf 1 kg/sec Durchsatz bezogenen Querschnittsflächen erhält man dann in einfacher Weise für die vorgegebene Düse die Zuordnung der Zustandsgrößen zum Querschnitt und den effektiven Massendurchsatz.

IV. Experimentelle Bestimmung der Druckverteilung in der Düse

1. Ergebnisse der Druckverteilungsmessungen und Vergleich mit theoretischen Werten

Um die Brauchbarkeit der Düsenauslegung nachzuprüfen, erschien es zweckmäßig, den Druckverlauf längs der Düsenkontur zu messen. Zur Berechnung des konvektiven Wärmeübergangs ist ebenfalls die Kenntnis der Druckverteilung notwendig, so daß auch im Hinblick auf die Beurteilung der Genauigkeit der Wärmeübergangsrechnung ein Vergleich der theoretischen Druckverteilung mit experimentellen Werten von Vorteil ist.

Für die Durchführung der Druckverteilungsmessung wurde eine Düse verwendet, die mit zwei gegenüberliegenden Stegen zur Aufnahme der Druckmessungsbohrungen versehen ist. Zwischen den einzelnen Bohrungen wurden für den Kühlwasserdurchfluß Aussparungen in den Stegen vorgenommen. Auf jeder Stegseite wurden fünf Bohrungen senkrecht zur Düsenkontur mit einem Durchmesser von 0,4 mm angebracht, und zwar gegeneinander versetzt, so daß in zehn Querschnitten der statische Druck bestimmt werden konnte. Die Versuche wurden für verschiedene Druckverhältnisse und Oxydationsverhältnisse für das System Methan und Sauerstoff durchgeführt.

In Abb. 14 sind die bei einem Brennkammerdruck von 8 kp/cm² gemessene statische Druckverteilung und die für Expansion im chemischen und eingefrorenen Gleichgewicht unter Voraussetzung isentroper Zustandsänderung berechneten Druckverläufe längs der Düsenachse gegenübergestellt. Die Reproduzierbarkeit der Messungen erwies sich als so gut, daß die bei verschiedenen Versuchsserien gemessenen Werte praktisch aufeinanderfallen. Wie man aus der Abbildung ersieht, liegen die Meßwerte mit Ausnahme des Meßwertes am engsten Querschnitt zwischen den gerechneten Werten für chemisches und eingefrorenes Gleichgewicht. Da die Unterschiede in der theoretischen Druckverteilung für beide Expansionshypothesen im Gegensatz zu den entsprechenden Temperaturverläufen nur gering sind, kann auf Grund von Druckverteilungsmessungen allein kaum eine Aussage darüber gemacht werden, inwieweit Rekombination auftritt.

Die bei Brennkammerdrücken von 9 und 10 kp/cm² gemessenen Druckverteilungen fallen praktisch mit den Werten bei 8 kp/cm² zusammen. Dieses Ergebnis war zu erwarten, denn aus dem 1. Hauptsatz, Isentropengleichung und Kontinuitätssatz folgt für den Zusammenhang zwischen Querschnittsverhältnis F_1/F und Druckverhältnis

$$\frac{F_1}{F} = \left(\frac{p}{p_1}\right)^{\frac{1}{\varkappa}} \sqrt{\frac{\varkappa}{\varkappa - 1} \frac{1}{\mathrm{Ma}_1^2} \left[1 - \left(\frac{p}{p_1}\right)^{\frac{\varkappa-1}{\varkappa}}\right] + 1} \tag{26}$$

Der Index 1 bezieht sich auf den Anfangsquerschnitt der Düse, Ma_1 bedeutet die Anströmmachzahl

$$\mathrm{Ma}_1^2 = \frac{w_1^2}{\varkappa R T_1} \tag{27}$$

Aus Gl. (26) erhält man für das Verhältnis des Einlaufquerschnittes zum engsten Querschnitt unter Berücksichtigung der bekannten Beziehung für das kritische Druckverhältnis

$$\frac{F_1}{F_{\min}} = \left(\frac{2}{\varkappa + 1}\right)^{\frac{1}{\varkappa - 1}} \sqrt{\frac{\varkappa}{\varkappa + 1} \frac{1}{\mathrm{Ma}_1^2} + 1} \tag{28}$$

Bei gegebenem Querschnittsverhältnis $F_1/F_{\min}$ bleibt also die Anströmmachzahl konstant, auch bei einer Änderung der Gastemperatur, sofern man den Einfluß der Temperatur auf den Isentropenexponenten $\varkappa$ unberücksichtigt läßt. Dies bedeutet, daß sich lediglich die Anströmgeschwindigkeit w_1 gemäß Gl. (27) ändert. Aus Gl. (26) folgt damit, daß sich in jedem vorgegebenen Querschnittsverhältnis das gleiche Druckverhältnis einstellen muß, unabhängig von der absoluten Höhe des Druckes p_1, sofern der Gegendruck gleich oder kleiner als der Auslegungsdruck ist. Die mit einer Druckerhöhung verbundene Erhöhung der Verbrennungstemperatur T_1 hat lediglich eine Erhöhung der Anströmgeschwindigkeit w_1 zur Folge. Die gleichen Überlegungen gelten auch für Gegendrücke, die größer als der Auslegungsdruck sind, wenn man nur den Bereich des Erweiterungsteils der Düse in Betracht zieht, in dem kein Verdichtungsstoß auftreten kann. Dies geht ebenfalls aus Abb. 14 hervor, in der zum Vergleich auch die bei kleineren Drücken gemessenen Werte eingetragen sind.

Eine genaue Nachrechnung der Druckverläufe bei verschiedenen Anfangsdrücken unter Berücksichtigung der Veränderung von $\varkappa$ als Folge der Veränderung der Verbrennungstemperatur und Gaszusammensetzung führte zu dem Ergebnis, daß für den hier untersuchten Druckbereich der Einfluß von $\varkappa$ vernachlässigt werden kann, das heißt die genauen Werte unterscheiden sich von dem in Abb. 14 gezeigten theoretischen Druckverlauf so geringfügig, daß die Abweichungen innerhalb der Zeichengenauigkeit liegen.

Merkbare Unterschiede ergeben sich jedoch, wenn man das Oxydationsverhältnis in größeren Bereichen ändert. Bei einer Expansion von 5 auf 1 kp/cm^2 bei angepaßter Düse ergibt sich eine Vergrößerung der Düsenlänge um 0,8% bei chemischem Gleichgewicht und um 0,35% bei eingefrorenem Gleichgewicht, wenn das Oxydationsverhältnis von 0,7 bis 2 verändert wird. Die für die gleichen Druckbereiche bei verschiedenen Oxydationsverhältnissen durchgeführten Messungen zeigen im Prinzip den gleichen Verlauf wie in Abb. 14, so daß auf die Wiedergabe dieser Messungen verzichtet wurde. Auf die Erklärung der größeren Unterschiede zwischen Rechnung und Versuch, die sich im engsten Querschnitt ergeben und auch von anderen Autoren beobachtet wurden [49–51], wird im nächsten Abschnitt eingegangen.

2. Korrektur des eindimensional berechneten Druckverlaufes im Bereich des engsten Querschnittes

Bei der eindimensionalen Behandlung der Strömung wird die Schallgeschwindigkeit im engsten Querschnitt erreicht. Berechnet man dagegen das Strömungsfeld rotationssymmetrisch, so wird die Schallgeschwindigkeit auf einer gekrümmten Linie erreicht, die man als Schallinie bezeichnet. Diese beginnt in einem Punkt S an der Düsenwand, der im Abstand δ vom engsten Querschnitt stromaufwärts liegt und schneidet die Düsenachse stromabwärts im Abstand ε vom engsten Querschnitt in einem Punkt O (vgl. Abb. 15).

Die Berechnung der Lage und Gestalt der Schallinie sind durch Entwicklungen des Strömungspotentials nach Potenzen von x und r möglich [52–54]. Nach SAUER [53] erhält man dann für die Geschwindigkeitskomponenten u und v in x- und r-Richtung bei rotationssymmetrischen Düsen

$$\frac{u}{a^*} - 1 = \gamma x + \frac{\varkappa + 1}{4} \gamma^2 r^2 \tag{29}$$

$$\frac{v}{a^*} = \frac{(\varkappa + 1)}{2} \gamma^2 x r + \left(\frac{\varkappa + 1}{4}\right)^2 \gamma^3 r^3 \tag{30}$$

mit

$$\gamma^2 = \frac{2}{(\varkappa + 1) R_K R_{\min}} \tag{31}$$

In diesen Gleichungen bedeutet a^* die kritische Geschwindigkeit, $\varkappa$ den Isentropenexponent, R_K den Krümmungsradius am engsten Querschnitt und $R_{\min}$ den Radius des engsten Querschnittes. Aus der Bedingung für die Schallinie

$$u^2 + v^2 = a^{*2}$$

folgt mit der Näherung $u = a^*$ aus Gl. (29) für die Koordinaten der Schallinie:

$$x + \frac{\varkappa + 1}{4} \gamma r^2 = 0 \tag{32}$$

Am engsten Querschnitt gilt für die Stromlinie an der Düsenwand $v = 0$, so daß aus Gl. (30) für den Abstand des Koordinatenursprungs 0 vom engsten Querschnitt folgt:

$$\varepsilon = -x_{R\min} = \frac{\varkappa + 1}{8} \gamma R_{\min}^2 \tag{33}$$

Die Lage des Punktes S erhält man aus Gl. (32) mit der Näherung $r_s = R_{\min}$

$$\delta + \varepsilon = -x_s = \frac{\varkappa + 1}{4} \gamma R_{\min}^2 \tag{34}$$

oder mit Gl. (31)

$$\delta = \varepsilon = \sqrt{\frac{(\varkappa + 1) R_{\min}^3}{32 R_K}} \tag{35}$$

Mit Hilfe dieser Beziehung wurde die Größe δ berechnet, wobei ein Isentropenexponent zugrunde gelegt wurde, der einem Mittelwert zwischen zwei unmittelbar vor und hinter dem engsten Querschnitt für chemisches und eingefrorenes Gleichgewicht berechneten Temperaturen und Konzentrationen entsprach. Wie bereits erwähnt, wurde der Einlauf der Düse bisinusoidal ausgeführt gemäß der Gleichung

$$R = R_0 - (R_0 - R_{\min}) \cos\left(\frac{\pi}{2} \frac{\xi}{L_0}\right) \tag{36}$$

Mit den gewählten Abmessungen $R_{\min} = 5$ mm, $R_0 = 12{,}99$ mm und $L_0 = 14$ mm ergibt sich für den Krümmungsradius am engsten Querschnitt $R_K = 9{,}94$ mm.

Eine weitere Möglichkeit, der rotationssymmetrischen Strömung im Bereich des engsten Querschnittes Rechnung zu tragen und den eindimensional berechneten Druckverlauf zu korrigieren, besteht darin, die Lage der Grenzmachlinie zu bestimmen. Unter der Grenzmachlinie versteht man bekanntlich die am weitesten stromabwärts verlaufende Machlinie, die von der Kontur ausgeht und tangential in den Scheitel der Schallinie mündet. Sie kennzeichnet den Bereich des Überschallgebietes, von dem sich noch Störungen auf die Schallinie auswirken können. Ein einfaches Verfahren, die Lage der Grenzmachlinie (Punkt M in Abb. 15) auf der Düsenkontur zu ermitteln, wurde von Riester und Hardegen [54] angegeben. Die Kenntnisse der Strömung zwischen Schallinie und Grenzmachlinie ist bei diesem Verfahren nicht erforderlich. Die Grenzmachlinie und deren Strömungsgrößen werden in Form von Potenzreihen dargestellt. Für rotationssymmetrische Düsen ergibt sich für die Koordinaten der Grenzmachlinie

$$\frac{x}{R_{\min}} = \sqrt{\frac{(\varkappa+1)\,R_K}{2\,R_{\min}}}\left[-0{,}30902\,\frac{\left[\frac{r}{R_{\min}}\right]^2}{\frac{R_K}{R_{\min}}} + 0{,}03151\,\frac{\left[\frac{r}{R_{\min}}\right]^4}{\left[\frac{R_K}{R_{\min}}\right]^2} - 0{,}000022\,\frac{\left[\frac{r}{R_{\min}}\right]^6}{\left[\frac{R_K}{R_{\min}}\right]^3} + \cdots\right] \tag{37}$$

und für die Geschwindigkeitskomponenten längs der Grenzmachlinie

$$\frac{u}{a^*} - 1 = 0{,}19098\,\frac{\left[\frac{r}{R_{\min}}\right]^2}{\frac{R_K}{R_{\min}}} + 0{,}03151\,\frac{\left[\frac{r}{R_{\min}}\right]^4}{\left[\frac{R_K}{R_{\min}}\right]^2} - \cdots + \cdots \tag{38}$$

$$\frac{v}{a^*} = \sqrt{\frac{(\varkappa+1)\,R_{\min}}{2\,R_K}}\,\frac{r}{R_{\min}}\left[-0{,}05902\,\frac{\left[\frac{r}{R_{\min}}\right]^2}{\left[\frac{R_K}{R_{\min}}\right]} + 0{,}03151\,\frac{\left[\frac{r}{R_{\min}}\right]^4}{\left[\frac{R_K}{R_{\min}}\right]^2} - \cdots + \cdots\right] \tag{39}$$

Der Schnittpunkt der Grenzmachlinie mit der Kontur folgt aus Gl. (37) für $r \approx R_{\min}$ und die zugehörigen Geschwindigkeitskomponenten aus Gl. (38) und (39). Mit Hilfe des 1. Hauptsatzes kann dann das zugehörige Druckverhältnis ermittelt werden.
Das Ergebnis der Rechnung ist in Tab. 4 wiedergegeben und in Abb. 14 eingetragen. Man ersieht, daß die für zwei Punkte durchgeführte rotationssymmetrische Behandlung zu einer wesentlich besseren Übereinstimmung im Bereich des engsten Querschnittes führt wie die eindimensionale Rechnung.

Tab. 4 Ergebnis der Berechnung der Lage der Schallinie und Grenzmachlinie

$CH_4 + \lambda\,2\,O_2 \quad \lambda = 1 \quad p_1 = 8\ \text{kp/cm}^2 \quad L^* = 8\ \text{m}$

	Chemisches Gleichgewicht	Eingefrorenes Gleichgewicht
Schallinie		
$\varkappa$	1,11	1,21
$\delta/d_{\min} = \varepsilon/d_{\min}$	0,091	0,093
$(p/p_1)_{\text{krit}}$	0,582	0,557
Grenzmachlinie		
$\beta/d_{\min}$	0,0155	0,0163
p_M/p_1	0,521	0,498

V. Berechnung des Wärmeübergangs in der Brennkammer und Düse

1. Konvektiver Wärmeübergang

Die Wärmeaustauschvorgänge in Brennkammern und Düsen von Raketentriebwerken werden von einer Vielzahl von Einflußgrößen bestimmt, so daß ihre genaue rechnerische Behandlung schwierig ist. Als Beispiel sei der Strahlungseinfluß genannt, der im Hinblick auf die hohen Verbrennungstemperaturen nicht ohne weiteres vernachlässigt werden kann. Wegen der hohen Temperaturen und der in der Düse auftretenden hohen Geschwindigkeiten bzw. Druckgradienten lassen sich die herkömmlichen Wärmeübergangsgesetze nicht oder nur bedingt anwenden. Ferner können wegen des Temperaturabfalles an der Wand in der Grenzschicht Rekombinationsvorgänge auftreten, die eine Veränderung der spezifischen Wärme, der Zähigkeit und Wärmeleitfähigkeit und damit eine Beeinflussung der Wärmeübergangszahl bedingen. Es ist eine Anzahl von Arbeiten bekannt geworden, die sich mit diesem Fragenkomplex und damit in Zusammenhang stehenden aerodynamischen Problemen befassen [55–71].

Auf Grund von experimentellen Untersuchungen an einem Versuchsraketenmotor wurde von Greenfield [55] die folgende Nußeltsche Potenzgleichung zur Berechnung der örtlichen Nußelt-Zahl in Brennkammern und Düsen aufgestellt:

$$\mathrm{Nu} = \frac{\alpha d}{\lambda} = 0{,}029\ \mathrm{Pr}\ \mathrm{Re}_d^{0,8} \tag{40}$$

Die diesbezüglichen Versuche wurden für die Treibstoffkombination Äthylalkohol–Sauerstoff bei einem Brennkammerdruck von 20 kp/cm² entsprechend einer Verbrennungstemperatur von 1920 K durchgeführt. Die Ergebnisse von Vergleichsversuchen mit Verbrennungsgasen von Kerosen–Luft bis zu Temperaturen von 1200 K werden ebenfalls durch die oben genannte Gleichung hinreichend genau wiedergegeben. Als Bezugstemperatur für die Stoffwerte wurde die Recovery-Temperatur gewählt.

Eine andere, ebenfalls aus Messungen an einer Raketendüse gewonnene Beziehung wurde von Long [56] angegeben

$$\mathrm{Nu} = 0{,}024\ \mathrm{Re}_d^{0,8} \left(\frac{T_x}{T_B}\right) \tag{41}$$

Hierin bedeutet T_x die statische Temperatur in einem Düsenquerschnitt und T_B die Stautemperatur in der Brennkammer. Die Stoffwerte werden auf die Brennkammertemperatur bezogen.

Ausgehend von den Ergebnissen einer theoretischen Berechnung der turbulenten Grenzschicht mit Wärmeübergang in Lavaldüsen hat Bartz [62, 63] folgende Beziehung für die Wärmeübergangszahl in Düsen angegeben:

$$\alpha = \left[\frac{0{,}026}{d_{\min}^{0,2}} \left(\frac{\mu^{0,2} c_p}{\mathrm{Pr}^{0,6}}\right)_1 \left(\frac{p_1 g}{C^*}\right)^{0,8} \left(\frac{d_{\min}}{R_K}\right)^{0,1}\right] \left(\frac{F_{\min}}{F}\right)^{0,9} \sigma$$

Hierin bedeutet: $d_{\min}$ der Durchmesser des engsten Querschnittes $F_{\min}$, μ die dynamische Zähigkeit, c_p die spezifische Wärme bei konstantem Druck, Pr die Prandtl-Zahl, p_1 der Brennkammerdruck, g die Erdbeschleunigung, C^* die charakteristische Geschwindigkeit, R_K der Krümmungsradius am engsten Querschnitt und F der örtliche

Querschnitt. Die Größe σ berücksichtigt die Änderung der Stoffwerte innerhalb der Grenzschicht und ist definiert zu

$$\sigma = \left(\frac{\varrho_m}{\varrho}\right)^{0,8} \left(\frac{\mu_m}{\mu_1}\right)^{0,2}$$

ϱ_m und μ_m bedeuten hierbei die auf den Mittelwert zwischen statischer Gastemperatur T und Wandtemperatur T_w bezogene Dichte und Zähigkeit, während die mit dem Index 1 gekennzeichneten Größen auf die Brennkammertemperatur T_1 (Stautemperatur) bezogen sind. ϱ ist die örtliche Dichte außerhalb der Grenzschicht.

Der Korrekturfaktor σ wurde von Bartz in Abhängigkeit vom Querschnittsverhältnis für verschiedene Temperaturverhältnisse T_w/T_1 und Isentropenexponenten berechnet. Für die den vorliegenden Untersuchungen zugrunde gelegte Düse liegt σ in der Größenordnung von 1,4 bis 1,25. Ein Vergleich der mit Gl. (42) berechneten α-Zahlen mit experimentellen Werten ergab eine gute Übereinstimmung in der Düse. In der Brennkammer lagen die gerechneten Werte jedoch bis zu 50–60% unter den gemessenen.

Von Bartz wurde ferner der Verlauf der Strömungs- und Temperaturgrenzschicht längs der Düsenachse näherungsweise berechnet [62]. Für die seiner Rechnung zugrunde gelegten Düsenabmessungen ($d_{\min} = 45$ mm) ergab sich bei Annahme einer Grenzschichtdicke am Düseneinlauf von $\delta/d_{\min} = 0{,}106$ ein Abfall der Grenzschichtdicke im konvergenten Teil der Düse auf etwa ein Zehntel dieses Wertes im Bereich des engsten Querschnittes und ein Anstieg im Erweiterungsteil bis zu $\delta/d_{\min} = 0{,}065$ am Düsenaustritt. Die entsprechenden Werte für die Temperaturgrenzschichtdicke betrugen $\delta_t/d_{\min} = 0{,}113$ am Einlauf, 0,62 am engsten Querschnitt und 0,215 am Düsenaustritt.

Nimmt man dünnere Grenzschichten am Düseneinlauf, so ergeben sich höhere Wärmeübergangszahlen, zum Beispiel um 7–8% bei dem hier erwähnten Beispiel, wenn die Grenzschichtdicke am Einlauf gleich Null gesetzt wird. Die minimalen Werte für die Grenzschichtdicke und die maximale Wärmeübergangszahl treten stromaufwärts vor dem engsten Querschnitt auf. Dies ist dadurch zu erklären, daß die maximale Wärmeübergangszahl durch den maximalen Massenfluß ($\varrho \cdot w$) gegeben ist. Dieser tritt an der Stelle auf, wo die Schallinie die Düsenkontur schneidet, wie sich an Hand der gemessenen Druckverteilung zeigen läßt (vgl. auch [61]).

Zum Vergleich mit den oben für Düsenströmungen angegebenen Beziehungen wurde die Wärmeübergangszahl längs der Düse auch mittels der von Prandtl für turbulente Rohrströmungen angegebenen Gleichung berechnet. Diese lautet in der von E. Hofmann [72] angegebenen verbesserten Form

$$\mathrm{Nu}_d = \frac{0{,}0395\,\mathrm{Re}_d^{3/4}\,\mathrm{Pr}}{1 + 0{,}2\,\mathrm{Re}_d^{-1/8}\,(\Theta_g - 13{,}2)} \tag{44}$$

Die Größe Θ_g berücksichtigt die Temperatur in der Trennfläche zwischen Randschicht und Kernströmung und hängt wie folgt von der Prandtl-Zahl ab:

$$\Theta_g = \mathrm{Pr}\left[2{,}5 + \frac{13}{\mathrm{Pr} - 1}\ln\frac{0{,}1785 - \dfrac{\mathrm{Pr}}{\mathrm{Pr} - 1}}{1 - \dfrac{\mathrm{Pr}}{\mathrm{Pr} - 1}}\right] \tag{45}$$

Als Bezugstemperatur für die Ermittlung der Stoffwerte gibt Hofmann die Beziehung

$$t_{\mathrm{Bez}} = t_m - \frac{0{,}1\,\mathrm{Pr} + 40}{\mathrm{Pr} + 72}\,(t_m - t_w) \tag{46}$$

mit t_m als der mittleren Gastemperatur im betrachteten Querschnitt und t_w als der Wandtemperatur an.
In Abb. 16 sind die nach den verschiedenen Verfahren berechneten α-Zahlen längs der Düsenachse gegenübergestellt. Die Rechnung wurde für Expansion im eingefrorenen Gleichgewicht durchgeführt, wobei der Einfluß der durch die Kühlung abgeführten Wärmemenge auf die Zustandsänderung des Gases in der Düse nach dem im nächsten Abschnitt näher erläuterten Verfahren berücksichtigt wurde.
Wie man aus Abb. 16 ersieht, sind die Unterschiede, die sich hinsichtlich der Wärmeübergangszahl nach den verschiedenen Wärmeübergangsgesetzen ergeben, erheblich, zum Beispiel ergibt sich am engsten Querschnitt ein Unterschied zwischen den nach Greenfield und Long berechneten α-Zahlen von 11,2%. Die Abbildung zeigt ferner, daß die Prandtl–Hofmannsche Gleichung, abgesehen vom Bereich des engsten Querschnitts, ebenfalls für Düsenströmungen näherungsweise herangezogen werden kann.
Die Wärmeübergangszahlen in der Brennkammer, die nach den gleichen Gesetzmäßigkeiten berechnet wurden, zeigen einen von der Brennkammerlänge praktisch unabhängigen Verlauf, so daß diese den Werten auf der Ordinatenachse in Abb. 16 entsprechen und auf eine gesonderte Wiedergabe verzichtet wurde.
Für die Berechnung der abgeführten Wärmemengen und der α-Zahlen nach den von Bartz und Hofmann angegebenen Beziehungen ist die Kenntnis des Temperaturverlaufes längs der gasseitigen Brennkammer- und Düsenwand erforderlich. Im Hinblick auf die konstruktive Ausführung von Brennkammer und Düse ist eine exakte Berechnung der Wandtemperaturen nicht möglich. Auf Grund einer rechnerischen Abschätzung der zu erwartenden Wandtemperaturen und unter Berücksichtigung von Wandtemperaturmessungen aus Vorversuchen wurde zur Vereinfachung der Rechnung eine konstante Wandtemperatur von 400° C in der Brennkammer angenommen.
Längs der Düsenwand wurde ein Temperaturverlauf vorausgesetzt, der linear von 400° C am Düseneinlauf bis auf 780° C am engsten Querschnitt steigt und im Erweiterungsteil wieder linear bis auf 400° C fällt. Messungen von Fortini und Ehlers [58] sowie Untersuchungen von Feodosiev und Siniarev [73] haben ergeben, daß der Wandtemperaturverlauf in der Düse dem Verlauf der gasseitigen Wärmeübergangszahl entspricht und daher eine derartige Annahme getroffen werden kann. Wie die in Abschnitt IX wiedergegebenen Wandtemperaturmessungen zeigen, werden die hier getroffenen Annahmen durch den Versuch mit hinreichender Genauigkeit bestätigt. Da die Temperaturdifferenz zwischen Gas und Wand sehr erheblich ist, zum Beispiel ca. 2500 grd am Düseneinlauf bei Annahme einer Gleichgewichtsströmung in der Brennkammer, beeinflußt der Fehler, der sich als Folge einer ungenauen Wandtemperatur ergibt, das Ergebnis der Berechnung der abgeführten Wärmemenge in der Düse nur geringfügig.
Die Berechnung der Wärmeübergangszahl in der Brennkammer wurde ebenfalls für die beiden Grenzfälle des eingefrorenen und chemischen Gleichgewichtes durchgeführt, analog zu der rechnerischen Behandlung der Düsenströmung.
Zunächst wurde vorausgesetzt, daß sich die Gaszusammensetzung, die der adiabaten Verbrennungstemperatur entspricht, infolge der Kühlung nicht längs der Brennkammer ändert (eingefrorene Strömung). Zum anderen wurde angenomemn, daß sich in jedem Querschnitt der Brennkammer das der jeweiligen Temperaturabsenkung infolge der Kühlung zugehörige chemische Gleichgewicht einstellt (Gleichgewichtsströmung).
Für die numerische Durchführung der Rechnung wurde die Brennkammer in 25 gleiche Segmente unterteilt.
Das Ergebnis der Rechnung zeigt, daß die Temperaturabsenkung in der Brennkammer für die hier untersuchte Düse bei Annahme einer eingefrorenen Strömung etwa 375 grd

und bei Annahme einer Gleichgewichtsströmung lediglich 115 grd beträgt. Im Hinblick darauf, daß die Verweilzeit des Gases in der Brennkammer relativ groß ist im Vergleich zur Verweilzeit in der Düse, erscheint die Annahme einer Gleichgewichtsströmung in der Brennkammer zweckmäßiger als die Annahme von eingefrorenem Gleichgewicht. Dies wird auch durch die Versuchsergebnisse bestätigt (vgl. Abschnitt IX). Da der Aufwand an Rechenzeit für die Gleichgewichtsströmung wesentlich größer als der für eingefrorene Strömung ist, wurde zum Vergleich die Temperatur und Gaszusammensetzung berechnet, die sich ergibt, wenn man, ausgehend von der Temperatur am Brennkammerende für eingefrorene Strömung, vollständige Rekombination annimmt. Für das Beispiel der Reaktion $CH_4 + \lambda\, 2\, O_2$ bei $\lambda = 1$ und $p = 8$ kp/cm^2 ergibt sich dann eine Temperatur am Brennkammerende, die um 1,3% höher ist als die Temperatur, die man bei Gleichgewichtsströmung erhält. Für überschlägige Berechnungen erscheint es daher zulässig, zur Verringerung des Rechenaufwandes das zuletzt erwähnte Verfahren zu verwenden.

Der Unterschied hinsichtlich der Wärmeübergangszahlen längs der Düse, den man erhält, wenn einerseits eingefrorene Strömung am Brennkammerende und andererseits Gleichgewichtsströmung als Anfangsbedingungen zugrunde gelegt werden, ist verschwindend gering. In Abb. 16 ist dies für ein Beispiel dargestellt unter Verwendung der Gleichung von Greenfield (Kurve .....). Ein merkbarer Unterschied ergibt sich lediglich im Bereich des engsten Querschnitts.

In Tab. 5 sind die wesentlichen Ausgangsdaten für die Berechnung der konvektiven Wärmeübergangszahl zusammengestellt. Weiterhin sind die längs der Düse abgeführten

Tab. 5 Ausgangsdaten für die Berechnung der konvektiven Wärmeübergangszahl in der Düse und abgeführte Wärmemengen bei Anwendung verschiedener Wärmeübergangsgesetze

$CH_4 + \lambda\, 2\, O_2$ $\lambda = 1$ $p_1 = 8$ kp/cm^2 $L^* = 8$ m

Nußelt-Gesetz	Gaszustand am Düseneintritt T_1	Pr	Re	Massendurchsatz kg/sec	Abgeführte Wärmemenge kcal/kg	Zustandsänderung Brennkammer	Düse	Linienart in Abb. 16
Long	2930 K	0,8624	16 339	0,03877	41,893	eingefroren	eingefroren	— — — —
Prandtl–Hofmann	2946 K	0,8618	16 230	0,03857	42,326	eingefroren	eingefroren	— · — · —
Bartz	3012 K	0,8673	15 938	0,03827	51,021	eingefroren	eingefroren	- - - - - - -
Greenfield	2969 K	0,8610	16 227	0,03847	46,928	eingefroren	eingefroren	————
Greenfield	3230 K	0,8731	15 063	0,03747	55,573	chemisch	eingefroren	....

Wärmemengen angegeben, die sich bei Anwendung der verschiedenen Wärmeübergangsgesetze bei Voraussetzung gleicher Düsenwandtemperatur ergeben. Erwartungsgemäß ist die insgesamt abgeführte Wärmemenge bei Anwendung der Gleichung von Bartz am größten wegen der höheren α-Zahlen. Der Massendurchsatz, der für jedes Rechenverfahren genau ermittelt wurde, ist hierbei am kleinsten. Dies wird dadurch erklärt, daß sich die Verringerung der Strömungsgeschwindigkeit infolge der Wärmeabfuhr, die eine Verringerung des Durchsatzes bewirkt, stärker bemerkbar macht als die Verringerung des spezifischen Volumens, die an sich eine Vergrößerung des Durchsatzes bedingt.

Geht man von einer Gleichgewichtsströmung in der Brennkammer aus, so ist die abgeführte Wärmemenge wegen des höheren Temperaturniveaus in der Düse höher als bei Zugrundelegung einer eingefrorenen Strömung als Anfangsbedingung. Der Durchsatz durch die Düse ist in diesem Falle aus den gleichen Gründen kleiner, wie aus Tab. 5, letzte Spalte hervorgeht.

Die numerische Berechnung des Wärmeübergangs in der Düse wurde für Druckstufen von jeweils 0,01 kp/cm² durchgeführt. Zur Überprüfung der hiermit erreichten Genauigkeit wurde die abgeführte Wärmemenge für Druckintervalle von jeweils 0,1 bis 0,005 kp/cm² berechnet. Das Ergebnis der Rechnung zeigt, daß der Unterschied hinsichtlich der abgeführten Wärmemengen bei einer Druckstufung von 0,01 kp/cm² lediglich 2,2% gegenüber dem Wert beträgt, der sich bei einer Druckstufung von 0,005 kp/cm² ergibt. Zur Verringerung des Rechenaufwandes wurde daher der oben genannte Wert festgelegt.

Für die weiteren Untersuchungen wurde die Gleichung von GREENFIELD verwendet, da diese mit Messungen anderer Autoren (vgl. [57]) befriedigend übereinstimmt.

2. Wärmeübergang durch Strahlung

Der überwiegende Anteil der durch Strahlung übergehenden Wärmemenge entfällt bekanntlich auf die dreiatomigen Moleküle H_2O und CO_2. Die stärksten Banden von CO_2 in Emission und Absorption sind die Bande bei 4,3 μ und zwei Banden bei 2,7 μ im infraroten Gebiet. Ebenfalls bei 2,7 μ liegen zwei Banden von H_2O, die sich mit den CO_2-Banden überdecken. Eine weitere starke Bande von H_2O tritt bei einer Wellenlänge von etwa 6 μ auf. Von den Banden der zweiatomigen Gase, die, wenn auch in einem wesentlich geringerem Maße, zur Wärmestrahlung beitragen, sind CO bei 4,66 und 2,33 μ sowie OH bei 2,8 μ zu erwähnen.

Die bekannt gewordenen Verfahren zur Berechnung der Wärmestrahlung stützen sich zum Teil auf empirische Ergebnisse und zum Teil auf vereinfachte Modellvorstellungen bezüglich der Vibrations–Rotations-Banden [74–77]. Bei Vernachlässigung der CO- und OH-Strahlung kann nach BARRÈRE [15] die durch CO_2- und H_2O-Strahlung übertragene Wärmestromdichte nach folgenden Beziehungen näherungsweise ermittelt werden:

$$q_{CO_2} = 3{,}5\,(P_{CO_2} L_m)^{0{,}33} \left[\left(\frac{T_g}{100}\right)^{3{,}5} - \left(\frac{T_w}{100}\right)^{3{,}5}\right] \frac{\text{kcal}}{\text{m}^2\,\text{h}} \tag{47}$$

$$q_{H_2O} = 3{,}5\,(P_{H_2O})^{0{,}8}\,(L_m)^{0{,}6} \left[\left(\frac{T_g}{100}\right)^{3} - \left(\frac{T_w}{100}\right)^{3}\right] \frac{\text{kcal}}{\text{m}^2\,\text{h}} \tag{48}$$

Hierin bedeuten T_g [K] und T_w [K] die Gas- bzw. Wandtemperatur, P_{CO_2} [kp/cm²] und P_{H_2O} [kp/cm²] die Partialdrücke und L_m [m] die mittlere Strahlenlänge der Gasmasse. Diese entspricht dem Halbmesser einer Halbkugel, deren Strahlung gleich ist der des betrachteten Körpers beliebiger Form. Berechnungen zur Bestimmung der Größe von L_m wurden unter anderem von HOTTEL [74] und ECKERT [68] durchgeführt. Nach ECKERT kann mit guter Näherung gesetzt werden

$$L_m = 0{,}9\,\frac{4\,V}{F} \tag{49}$$

wenn V das Volumen und F die von den wärmeaufnehmenden Wänden gebildete Oberfläche der strahlenden Gasmasse ist. Für eine zylindrische Brennkammer mit dem Durchmesser D wie im vorliegenden Fall gilt dann $L_m = 0{,}9\,D$. Bei der Berechnung der in der Düse durch Strahlung übertragenen Wärmemenge wurde für D der mittlere Durchmesser des jeweils betrachteten Düsensegmentes eingesetzt.

In Abb. 17 sind die in der Brennkammer und Düse berechneten Wärmeübergangszahlen für Konvektion und Strahlung dargestellt, wobei die Wärmeübergangszahl der Strahlung in üblicher Weise als Verhältnis der Wärmestromdichte infolge Strahlung zur wirksamen Temperaturdifferenz definiert wurde.

$$\alpha_{St} = \frac{q_{CO_2} + q_{H_2O}}{T_g - T_w} \tag{50}$$

Die Rechnung wurde für eingefrorene Strömung in der Brennkammer und Düse durchgeführt. In der Brennkammer ergibt sich, wie man aus der Abbildung ersieht, für das hier gezeigte Beispiel ein Anteil der Strahlung von etwa 46% der insgesamt abgeführten Wärmemenge, so daß die Gasstrahlung von wesentlichem Einfluß auf die Wärmeübergangsrechnung ist. Mit zunehmender Druckabsenkung und der damit verbundenen Temperaturabsenkung in der Düse wird der Strahlungseinfluß auf den Wärmeübergang erheblich niedriger und könnte in erster Näherung vernachlässigt werden.

In Abb. 17 ist weiterhin der Verlauf der Reynolds-Zahl längs der Düsenachse wiedergegeben. Die Prandtl-Zahl fällt während der Expansion von 0,860 am Düseneinlauf auf 0,75 am Düsenende. Im engsten Querschnitt ist der Wert 0,77.

VI. Berechnung der Zustandsänderung in der Brennkammer und Düse unter Berücksichtigung der Kühlung

1. Zustandsänderung in der Brennkammer

Für ein vorgegebenes Brennkammersegment gilt nach dem 1. Hauptsatz, wenn durch den Index 1 die Zustandsgrößen im Eintrittsquerschnitt und durch den Index 2 die Zustandsgrößen im Austrittsquerschnitt gekennzeichnet werden

$$h_1 + \frac{w_1^2}{2} = h_2 + \frac{w_2^2}{2} + q_{12} \tag{51}$$

Hierin bedeutet h die Enthalpie, w die Geschwindigkeit und q_{12} die im Segment durch Konvektion und Strahlung abgeführte Wärmemenge. Hierfür gilt

$$q_{12} = \frac{\alpha_{12}\, \Delta O (T_g - T_w)}{m} \tag{52}$$

wobei ΔO die Oberfläche des Segmentes, T_g die Gastemperatur, T_w die Wandtemperatur, m den Massendurchsatz und α_{12} die Gesamtwärmeübergangszahl für Konvektion und Strahlung bedeuten, die entsprechend den Ausführungen im vorhergehenden Abschnitt berechnet werden kann. Mit diesen Beziehungen und der Kontinuitätsgleichung sowie der Bedingung, daß der Gesamtdruck konstant bleibt, lassen sich die Temperatur T_2 und die Geschwindigkeit w_2 berechnen. Wird die Rechnung für chemisches Gleichgewicht durchgeführt, so sind zusätzlich die Gleichgewichtsbedingungen für die Gaszusammensetzung nach Abschnitt II zu berücksichtigen.

2. Zustandsänderung in der Düse

Wie bereits erwähnt, wird bei der rechnerischen Behandlung von Düsenströmungen im allgemeinen eine isentrope Zustandsänderung angenommen und vorausgesetzt, daß die Wärmeaustauschvorgänge sich lediglich in einer dünnen Randzone abspielen und die Kernströmung nicht beeinflussen.

Diese Voraussetzung ist bei Düsen großer Abmessung in der Regel zulässig. Bei kleineren Düsenabmessungen, wie sie üblicherweise für Laboruntersuchungen verwendet werden, erscheint die Annahme, daß die Kernströmung durch den Wärmeübergang nicht beeinflußt wird, als fraglich. Im folgenden soll daher untersucht werden, inwieweit sich der Temperaturverlauf und der Konzentrationsverlauf im Vergleich zu einer isentropen Expansion ändern, wenn man den Einfluß der durch die Kühlung abgeführten Wärmemenge auf die Zustandsänderung des Gases berücksichtigt.

Es wird also angenommen, daß sich in jedem Querschnitt bzw. Düsensegment eine mittlere Temperatur und Geschwindigkeit einstellt, entsprechend der in diesem Segment abgeführten Wärmemenge. Die Expansionshypothesen für chemisches und eingefrorenes Gleichgewicht bei isentroper Expansion werden ergänzt durch die Expansionshypothesen für chemisches und eingefrorenes Gleichgewicht unter Berücksichtigung des Einflusses der Wärmeabfuhr auf die Zustandsänderung.

Nach dem 1. Hauptsatz gilt für eine Druckabsenkung um dp bei einem gleichzeitigen Wärmeentzug durch die Kühlung von dq_K

$$dh = -d\left(\frac{w^2}{2}\right) + dq_K \tag{53}$$

mit h als der Enthalpie und w als der Strömungsgeschwindigkeit.

Die durch das Kühlmittel abgeführte Wärmemenge wird auf das isentrope Wärmegefälle bezogen und durch eine Kühlziffer

$$\xi = \frac{dq_K}{dh_{is}} \tag{54}$$

in Anlehnung an W. Traupel [78] erfaßt.

Infolge von Reibungsvorgängen ist die Zunahme der kinetischen Energie kleiner als bei isentroper Entspannung. Der Reibungseinfluß wird durch den Wirkungsgrad

$$\eta_{is} = \frac{d\left(\frac{w^2}{2}\right)_R}{d\left(\frac{w^2}{2}\right)_{is}} = -\frac{d\left(\frac{w^2}{2}\right)_R}{dh_{is}} \tag{55}$$

gekennzeichnet, der das Verhältnis der Zunahme der kinetischen Energie bei Expansion mit Reibung ohne Kühlung zu dem entsprechenden Wert bei isentroper Zustandsänderung darstellt.

Unter Voraussetzung eines quasistatischen Zustandsverlaufs und eines idealen Gases läßt sich die Zustandsänderung mit Hilfe der Polytropengleichung beschreiben, die definitionsgemäß lautet

$$\frac{dp}{p} = -n\,\frac{dv}{v} = \frac{n}{n-1}\,\frac{dT}{T} \tag{56}$$

mit n als dem Polytropenexponent.

Ein Zusammenhang zwischen n und den Größen ξ und η_{is} ergibt sich, wenn man den wirklichen irreversiblen Vorgang durch einen reversiblen Prozeß ersetzt, der zum gleichen Endzustand führt. Hierfür gilt

$$[T\,ds]_{rev} = dq_{rev} = dh - v\,dp \tag{57}$$

oder

$$\frac{dp}{p} = \frac{1}{RT}\,[dh - dq_{rev}] \tag{58}$$

Durch Gleichsetzen von Gl. (56) und (58) folgt nach einer kurzen Zwischenrechnung

$$\frac{n}{n-1} = \frac{\varkappa}{\varkappa - 1}\left[1 - \frac{dq_{rev}}{dh}\right] \tag{59}$$

Die beim reversiblen Ersatzvorgang von außen einzuführende Wärmemenge entspricht der Summe der vom Kühlmittel übertragenen Wärmemenge und dem Verlust an kinetischer Energie infolge Reibung. Dieser wird bei Expansion mit und ohne Kühlung als gleich angenommen.

$$dq_{rev} = dq_K + d\left(\frac{w^2}{2}\right)_{is} - d\left(\frac{w^2}{2}\right)_R \tag{60}$$

oder unter Berücksichtigung von Gl. (54) und (55)

$$dq_{rev} = (\eta_{is} + \xi - 1)\,dh_{is} \tag{61}$$

Mit Hilfe der Kenngrößen ξ und η_{is} läßt sich die Enthalpieänderung entsprechend Gl. (53) wie folgt näherungsweise berechnen

$$dh = (\eta_{is} + \xi)\,dh_{is} \tag{62}$$

Führt man diese Beziehung und Gl. (61) in Gl. (59) ein, so erhält man für den Polytropenexponenten

$$\frac{n}{n-1} = \frac{\varkappa}{\varkappa - 1}\,\frac{1}{\eta_{is} + \xi} \tag{63}$$

oder

$$n = \frac{\varkappa}{\varkappa - (\eta_{is} + \xi)(\varkappa - 1)} \tag{64}$$

Für $\eta_{is} = 1$ und $\xi = 0$ ergibt sich $n = \varkappa$, also die Isentropengleichung. Sofern man η_{is}, ξ und $\varkappa$ für einen endlichen Bereich als konstant ansehen kann bzw. entsprechende Mittelwerte einsetzt, läßt sich Gl. (56) integrieren, und man erhält für eine Zustandsänderung von 1 nach 2

$$\frac{T_2}{T_1} = \left[\frac{p_2}{p_1}\right]^{\frac{n-1}{n}} = \left[\frac{p_2}{p_1}\right]^{\frac{(\eta_{is} + \xi)(\varkappa - 1)}{\varkappa}} \tag{65}$$

Zur Vereinfachung der Rechnung wird bei den nachfolgenden Untersuchungen Reibungsfreiheit angenommen, das heißt $\eta_{is} = 1$ gesetzt. Der Einfluß der Reibung auf die Zustandsänderung wurde lediglich für ein Beispiel berechnet. Das Ergebnis ist in Abb. 28 auf Seite 72 wiedergegeben (vgl. auch Abb. 46, Seite 81).

Bei Anwendung der oben hergeleiteten Gesetzmäßigkeiten auf die Düsenströmung gilt für zwei benachbarte Querschnitte F_1 und F_2

$$\frac{w_2^2 - w_1^2}{2} = h_1 - h_2 - q_{1,2} \tag{66}$$

Für die abgeführte Wärme folgt aus Gl. (54), (56), (62) und (64)

$$q_{12} = \frac{\xi}{1+\xi}(h_1 - h_2) = \frac{\xi}{1+\xi}\,\frac{\varkappa}{\varkappa - 1}\,RT_1\left[1 - \left(\frac{p_2}{p_1}\right)^{\frac{(1+\xi)(\varkappa-1)}{\varkappa}}\right] \tag{67}$$

und damit für die Differenz der kinetischen Energie

$$\frac{w_2^2 - w_1^2}{2} = \frac{1}{1+\xi}\,\frac{\varkappa}{\varkappa - 1}\,RT_1\left[1 - \left(\frac{p_2}{p_1}\right)^{\frac{(1+\xi)(\varkappa-1)}{\varkappa}}\right] \tag{68}$$

Andererseits gilt für q_{12}, wenn ΔO die Oberfläche des betrachteten Düsensegmentes mit der Wandtemperatur t_w bedeutet

$$q_{12} = \frac{4\,\alpha_{1,2}\,\Delta O\,(T_{g1,2} - T_{w1,2})}{\pi\,d_{1,2}^2\,w_{1,2}\,\varrho_{1,2}} \tag{69}$$

mit

$$\alpha_{12} = \frac{\lambda}{d_{1,2}}\,0{,}029\left[\frac{w_{1,2}\,d_{1,2}}{v_{1,2}}\right]^{0,8}\mathrm{Pr} + \alpha_{\mathrm{Str}} \tag{70}$$

nach Gl. (40) und (50). Der Index 1, 2 in diesen Gleichungen soll bedeuten, daß jeweils Mittelwerte für die Zustandsgrößen bzw. Segmentabmessungen einzusetzen sind. Das gleiche gilt für den Isentropenexponenten. Für die Berechnung des konvektiven Wärmeübergangs ist als Gastemperatur T_g die Stautemperatur in der Grenzschicht einzusetzen, die sich bekanntlich aus der Beziehung ergibt

$$T_g = T_{\mathrm{stat}} + \sigma\,\frac{w^2}{2\,c_p} \tag{71}$$

mit

$$\sigma = \sqrt[3]{\mathrm{Pr}} \tag{72}$$

als dem Recovery-Faktor bei Annahme turbulenter Strömung.

Damit ist ein Gleichungssystem gegeben, das sich aus dem 1. Hauptsatz, der Polytropengleichung und einer Wärmebilanz für das betrachtete Düsensegment ergibt (an Stelle der Entropiegleichung bei isentroper Zustandsänderung), womit unter Zuhilfenahme der Kontinuitätsgleichung die Zustandsänderung des Gases in der Düse unter Berücksichtigung der durch Kühlung abgeführten Wärmemenge iterativ berechnet werden kann. Die numerische Rechnung ist sehr aufwendig, insbesondere dann, wenn chemisches Gleichgewicht in der Düse angenommen wird.

Das Programm für die Rechnung wurde wie folgt aufgebaut: In einem vorgegebenen Querschnitt F_1 sind alle Zustandsgrößen bekannt. Ebenso liegt die Geometrie der Düse vor. Für eine vorgegebene Druckabsenkung $p_1 - p_2 = 0{,}01$ kp/cm² wird ein Wert für die mittlere Kühlziffer $\xi_{1,2}$ und den mittleren Isentropenexponenten $\varkappa_{1,2}$ in diesem Bereich geschätzt. Mit diesen Schätzwerten werden alle interessierenden Größen für den Druck p_2 bzw. die entsprechenden Mittelwerte für das vorgegebene Druckintervall, wie zum Beispiel $T_{1,2}$, $w_{1,2}$, $\varrho_{1,2}$, $\alpha_{1,2}$, q_{12} etc., mit Hilfe der Gl. (63), (68), (69), (70),

(71) und (72) berechnet. Zur Überprüfung der Schätzung ist noch Gl. (67) verfügbar. Unter Verwendung des Ergebnisses der ersten Schätzung wird die Rechnung mit verbesserten Schätzwerten wiederholt.
Die Iteration wird solange durchgeführt, bis die Differenz zwischen zwei Schätzwerten für ξ, bezogen auf den Wert des vorhergehenden Rechenschrittes, kleiner oder gleich 0,001 ist.
Der zum Druck p_2 zugehörige Querschnitt F_2 ergibt sich aus der Kontinuitätsgleichung. Wie auf Grund der Ausführungen in Abschnitt IV erwartet werden konnte, hat die Kühlung praktisch keinen Einfluß auf die Zuordnung von Druck und Querschnitt in der Düse.

3. Vergleich der Rechenergebnisse für isentrope Expansion und Expansion mit Wärmeabfuhr

In Abb. 18 ist die relative Konzentrationsänderung bei Expansion im chemischen Gleichgewicht unter Berücksichtigung des Einflusses der Kühlung auf die Zustandsänderung des Gases im Vergleich zur eingefrorenen Strömung für ein Beispiel dargestellt, und zwar für die gewählte Versuchsdüse und die Reaktion $CH_4 + \lambda\, 2\, O_2$, bei $\lambda = 1$ und $p_1 = 8$ kp/cm². Ein Vergleich dieser Werte mit der entsprechenden Konzentrationsänderung, die man für chemisches Gleichgewicht bei Annahme isentroper Expansion erhält und die in Abb. 4 dargestellt ist, zeigt, daß der Kühlungseinfluß auf die Gaszusammensetzung beachtlich ist. Beispielsweise ist die CO_2-Konzentration am Düsenende bei Kühlung um etwa 23% größer als bei isentroper Expansion. Für H_2O beträgt der Unterschied 17%.
In Abb. 19 ist der Temperaturverlauf längs der Düsenachse für diese Expansionshypothesen vergleichend gegenübergestellt. Bei Zugrundelegung von chemischem Gleichgewicht liegt die Expansionsendtemperatur um 35 grd bei Berücksichtigung der Kühlung unter dem Wert für isentrope Expansion, wenn man von der gleichen Eintrittstemperatur in der Düse, entsprechend der adiabaten Verbrennungstemperatur, ausgeht. Der Unterschied für eingefrorene Strömung ist jedoch größer und beträgt 90 grd, entsprechend 4,1%, bezogen auf den Wert bei Berücksichtigung der Wärmeabfuhr. Da man im allgemeinen Temperaturmessungen heranzieht, um Aussagen über die Frage machen zu können, inwieweit Rekombination in der Düse auftritt, bedeutet dies, daß man zu unterschiedlichen Ergebnissen kommt, je nachdem, welche Expansionshypothese zum Vergleich herangezogen wird. Bei kleinen Düsenabmessungen erscheint es daher unter Umständen zweckmäßiger, die Expansion nach dem hier entwickelten Verfahren zu berechnen, weil in diesem Fall nicht ohne weiteres mit einer durch Wärmeübergang ungestörten Kernströmung gerechnet werden kann.
Noch größere Unterschiede ergeben sich zwischen beiden Expansionshypothesen, wenn größere Druckverhältnisse in der Düse gewählt werden und der Einfluß der Brennkammerkühlung auf den Eintrittszustand in die Düse berücksichtigt wird. Dies ist aus Abb. 20 ersichtlich, in der der Temperaturverlauf für Druckverhältnisse bis 1 : 100 wiedergegeben ist.
Vergleicht man den Temperaturverlauf für isentrope Expansion im chemischen Gleichgewicht, ausgehend von der adiabaten Verbrennungsendtemperatur, mit dem Temperaturverlauf bei polytroper Expansion im chemischen Gleichgewicht, ausgehend vom Eintrittszustand in die Düse, der sich unter Berücksichtigung der in der Brennkammer abgeführten Wärmemenge bei Annahme chemischen Gleichgewichtes in der Brennkammer ergibt, so erhält man einen Unterschied der Expansionsendtemperaturen von ca. 280 grd.

Tab. 6 Gaszusammensetzung und Geschwindigkeit am Expansionsende bei Annahme verschiedener Expansionshypothesen

$CH_4 + \lambda\, 2\, O_2$ $\lambda = 1$ $p_1 = 8\ kp/cm^2$ $p_2/p_1 = 1:100$ $L^* = 8\ m$ $T_{1\,ad} = 3326\ K$

Zustandsänderung		Expansionsendtemperatur	Gaszusammensetzung in Volumen-%									Geschwindigkeit
Brennkammer	Düse	K	H_2O	OH	H_2	O_2	O	H	CO_2	CO	C_{gas}	m/sec
ungekühlt	isentrop chemisch	2262	58,44	2,09	2,69	4,09	0,46	0,71	24,91	6,61	$1,1 \cdot 10^{-17}$	3063
gekühlt chemisch	gekühlt chemisch	1984	62,40	1,10	1,51	2,33	0,14	0,23	28,54	3,75	$6,1 \cdot 10^{-19}$	2910
ungekühlt	isentrop eingefroren	1078	42,05	8,89	6,70	8,01	3,29	3,56	12,21	15,29	$9,4 \cdot 10^{-13}$	2809
gekühlt eingefroren	gekühlt eingefroren	720	42,05	8,89	6,70	8,01	3,29	3,56	12,21	15,29	$9,4 \cdot 10^{-13}$	2581
gekühlt chemisch	gekühlt eingefroren	908	46,28	7,47	5,66	7,33	2,32	2,48	14,64	13,82	$3,2 \cdot 10^{-13}$	2760

Tab. 7 Relative Konzentrationsänderung in der Brennkammer und Düse bei isentroper und polytroper Expansion im chemischen Gleichgewicht

$CH_4 + \lambda\, 2\, O_2$ $\lambda = 1$ $p_1 = 8$ kp/cm² $p_2/p_1 = 1:100$ $L^* = 8$ m

		Relative Konzentrationsänderung gegenüber Verbrennungsende in %							
		H_2O (+)	OH (—)	H_2 (—)	O_2 (—)	O (—)	H (—)	CO_2 (+)	CO (—)
Brennkammerende	ungekühlt	0	0	0	0	0	0	0	0
	gekühlt chemisch	9,94	16,0	15,6	8,5	29,8	30,3	19,9	9,56
Düsenende	isentrop chemisch	39,0	76,5	59,8	49,0	85,5	79,7	104,0	56,8
	gekühlt chemisch	55,5	98,0	91,7	90,0	100,0	99,5	162,5	93,5

Bei Berücksichtigung der Kühlung in Brennkammer und Düse unter Voraussetzung von chemischem Gleichgewicht in der Brennkammer und eingefrorenem Gleichgewicht in der Düse liegt die Expansionsendtemperatur um 170 grd niedriger als bei isentroper Expansion bei Voraussetzung eingefrorenen Gleichgewichts und Vernachlässigung der Brennkammerkühlung. Zum Vergleich wurde auch der Temperaturverlauf berechnet, der sich bei Annahme eingefrorenen Gleichgewichts in der Brennkammer und Düse unter Berücksichtigung der Kühlung ergibt. Wie bereits erwähnt, ist diese Annahme allerdings als sehr ungünstig anzusehen.

Die Unterschiede in der Gaszusammensetzung, die sich für die hier dargestellten Expansionshypothesen ergeben, sind aus Tab. 6 ersichtlich. Beispielsweise sind die H_2O- und CO_2-Konzentrationen um 48 bzw. 130% bei Berücksichtigung der Kühlung und chemischem Gleichgewicht höher als bei isentroper Zustandsänderung.

Die Geschwindigkeitsunterschiede am Düsenaustritt sind allerdings nicht sehr hoch. Bei chemischem Gleichgewicht ist die Geschwindigkeit bei Berücksichtigung der Kühlung um ca. 5% kleiner als bei isentroper Expansion.

In Abb. 21 ist die prozentuale Konzentrationsänderung gegenüber der Konzentration bei adiabatem Verbrennungsende längs der Brennkammer und Düse für das gleiche Beispiel dargestellt. Der besseren Übersichtlichkeit wegen sind nur die Komponenten CO_2, H_2O, CO, H_2 und H eingezeichnet. Die übrigen Werte sind in Tab. 7 zusammengestellt. Infolge der Brennkammerkühlung nimmt zum Beispiel die CO_2-Konzentration bis zum Düseneintritt um 20 und bis zum Düsenende um 160% zu, wohingegen bei isentroper Zustandsänderung die relative Konzentrationsänderung bis Düsenende 105% beträgt. Noch größer ist der Unterschied bei den atomaren Komponenten wie zum Beispiel H, dessen Konzentration in der Brennkammer allein um 30% abnimmt.

Der Verlauf der Kühlziffer ξ, des Polytropen- und Isentropenexponenten n und $\varkappa$ sowie der Größe $(n-1)/n = (\varkappa - 1)(1 + \xi)/\varkappa$ längs der Achse der Versuchsdüse ist in Abb. 22 für die Annahme von eingefrorenem Gleichgewicht dargestellt. Die Kühlziffer weist erwartungsgemäß im Düseneinlauf sehr hohe Werte auf und nimmt mit zunehmender Expansion ab. Der Polytropenexponent verläuft zunächst von $n < 0$ bis $n = -\infty$, dann von $+\infty$ bis auf einen Wert von $n = 1{,}35$ am Düsenende. Die Unstetigkeitsstelle bei $S/d_{\min} = 1{,}9$ läßt sich wie folgt erklären: Für eine isochore Zustandsänderung ist der Polytropenexponent bekanntlich $n = \pm\infty$. Die Zustandsänderung des Gases in der Düse verläuft infolge der Kühlung in Richtung kleiner werdender Entropie. Ist die in einem Druckintervall abgeführte Wärmemenge gerade so groß, daß der Endzustand der Expansion mit dem Schnittpunkt der Isobaren $p_2 = p_1 - \Delta p$ und der Isochore v_1 zusammenfällt, so ergibt sich für den mittleren Polytropenexponenten n ein Wert von ∞. Dies ist schematisch in Abb. 23 dargestellt (Punkt 4). Bei noch stärkerer Kühlung (Linie 1–5) wird $n < 0$ und bei geringerer Kühlung (Linie 1–3) liegt n zwischen ∞ und $\varkappa$. Die Größe $(n-1)/n$ ist zum Vergleich ebenfalls in Abb. 22 wiedergegeben. Diese wird > 1 für $n < 0$, < 1 für $n > 0$ und 1 für $n = \pm\infty$. Für das hier gezeigte Beispiel wurde die numerische Rechnung für Druckintervalle von 0,0005 kp/cm² durchgeführt, um den Verlauf von n möglichst genau zu erfassen.

4. Einfluß unterschiedlicher Düsenausführungen

In Abb. 24 ist für ein Beispiel der Einfluß der Größe des engsten Querschnittes der Düse auf die Expansionsendtemperatur unter Berücksichtigung der Kühlung dargestellt. Die Rechnung wurde für eingefrorene Strömung und geometrisch ähnliche Düsen durchgeführt. Erwartungsgemäß werden die Unterschiede der Expansionsendtemperatur mit Kühlung gegenüber dem entsprechenden Wert bei isentroper Expansion mit zunehmendem Durchmesser des engsten Querschnitts kleiner, weil die auf den Durchsatz bezogene abgeführte Wärmemenge kleiner wird. Die Unterschiede zwischen den Werten, entsprechend einem Durchmesser von 10 bis 50 mm, sind jedoch nicht sehr groß, das heißt erst bei noch größeren Düsenabmessungen, die allerdings für Laboratoriumsuntersuchungen wegen der hohen Durchsätze kaum in Frage kommen, insbesondere bei Verwendung von Sauerstoff als Oxydator, erscheint der Einfluß der Kühlung vernachlässigbar.

Aus den vorhergehenden Abbildungen geht hervor, daß der größte Wärmeentzug im Düseneinlauf erfolgt, weil im Einlauf bereits bei einer kleinen Drucksenkung eine relativ große Düsenfläche überstrichen wird. Zum Vergleich wurde daher für ein Beispiel der Temperaturverlauf und die abgeführte Wärmemenge bei gleichen kühlseitigen Bedingungen für eine Düse mit geändertem Einlauf berechnet. Das Verhältnis des Brennkammerdurchmessers bzw. Düseneinlaufdurchmessers zum Durchmesser des engsten Querschnittes der Düse, das für die Versuchsdüse mit 5 : 1 festgelegt wurde, wurde hierbei auf 3 : 1 verringert.

Für eine Beurteilung der Düsenauslegung im Hinblick auf die Wärmeabfuhr durch Kühlung ist es allerdings erforderlich, die Brennkammer mit in Betracht zu ziehen, da ein Vergleich verschiedener Brennkammer- und Düsenkonfigurationen nur möglich ist, wenn gleiche Verweilzeit des Gases in der Brennkammer vorausgesetzt wird. Dies bedeutet, wie bereits erwähnt, daß bei einer Verringerung des Brennkammerdurchmessers die Brennkammerlänge vergrößert werden muß. Um diesen Einfluß aufzuzeigen, ist in Abb. 25 der Temperaturverlauf für zwei Brennkammern mit unterschiedlichem Verhältnis des Brennkammerdurchmessers zum Durchmesser des engsten Querschnittes der nachgeschalteten Düse in Abhängigkeit von der charakteristischen Länge der Brennkammer L^* wiedergegeben.

Die Kurve 1 stellt den Temperaturverlauf längs der Brennkammer mit einem Durchmesserverhältnis von $d/d_{\min} = 5$ dar, wenn man eingefrorene Strömung annimmt und die Kurve 2, wenn chemisches Gleichgewicht vorausgesetzt wird. Geht man zur Vereinfachung der Rechnung von dem Zustand bei eingefrorenem Gleichgewicht aus und bestimmt die Temperatur dann für die Annahme vollständiger Rekombination, so erhält man einen Temperaturverlauf entsprechend Kurve 3. Im Hinblick auf den erheblichen Rechenaufwand für chemisches Gleichgewicht wurde für die Brennkammer mit einem Durchmesserverhältnis von $d/d_{\min} = 3$ die Rechnung lediglich für eingefrorenes Gleichgewicht (Kurve 4) und vollständige Rekombination, ausgehend von der eingefrorenen Strömung (Kurve 5), berechnet. Für alle hier gezeigten Fälle wurde die Wandtemperatur in der Brennkammer konstant mit 400°C angenommen.

Vergleicht man die Temperatur am Ende der Brennkammer bei einer gleichen charakteristischen Länge von 8 m, wie sie für die Versuchsdüse gewählt wurde, so ergibt sich für chemisches Gleichgewicht ein Unterschied von 130°C zwischen beiden Brennkammerausführungen. Die Wahl eines größeren Durchmesserverhältnisses erweist sich mithin als günstiger.

In Abb. 26 ist der berechnete Temperaturverlauf längs der Düsenachse unter Berücksichtigung der Brennkammer- und Düsenkühlung für zwei charakteristische Längen der Brennkammer von 5 und 7,5 m sowie für zwei Verhältnisse von Brennkammerdurchmesser zum Durchmesser des engsten Querschnittes von 5 und 3 dargestellt. Das Ergebnis der Rechnung zeigt für die hier gewählten Abmessungen und Gasdaten, daß auch im Hinblick auf die insgesamt abgeführten Wärmemengen durch Kühlung das System Brennkammer und Düse mit dem größeren Durchmesserverhältnis günstiger

ist, wenn eine gleiche charakteristische Länge und eingefrorene Strömung in Brennkammer und Düse vorausgesetzt werden.
Der Verlauf der Düsenkontur und Düsenoberfläche, der den Berechnungen zugrunde gelegt wurde, ist aus Abb. 27 ersichtlich.

5. Reibungseinfluß

Der Einfluß der Reibung in der Düse wurde, wie bereits erwähnt, bei den theoretischen Untersuchungen vernachlässigt. Um den Unterschied hinsichtlich der Expansionsendtemperatur aufzuzeigen, der sich ergibt, wenn die Reibung berücksichtigt wird, wurde für ein Beispiel der Expansionsverlauf im *h*–*s*-Diagramm mit Kühlung und Reibung berechnet und den Werten gegenübergestellt, die man für eine Expansion mit Kühlung bei Vernachlässigung der Reibung sowie bei isentroper Expansion erhält. Zum Vergleich wurde auch die Expansionsendtemperatur ermittelt, die sich bei Vernachlässigung der Kühlung, aber bei Berücksichtigung der Reibung, ergibt. Das Ergebnis der Rechnung, die für chemisches Gleichgewicht durchgeführt wurde, ist in Abb. 28 wiedergegeben. Die Expansionsanfangstemperatur wurde für alle untersuchten Fälle mit 3195 K angenommen. Dieser Wert entspricht der Temperatur am Ende der für eine charakteristische Länge von 18 m ausgelegten Versuchsbrennkammer bei Berücksichtigung der Brennkammerkühlung unter Voraussetzung von chemischem Gleichgewicht. Der Gegendruck wurde mit 1,25 kp/cm^2 und der Wirkungsgrad η_{is} zur Vereinfachung der Rechnung als konstant mit 0,96 angenommen.
Wie man aus der Abbildung ersieht, beträgt der Temperaturunterschied infolge Reibung 10 grd. Im Vergleich zur Temperaturdifferenz zwischen isentroper und polytroper Expansion ohne Berücksichtigung der Reibung, die sich mit 41 grd ergibt, ist die Temperaturerhöhung durch Reibung nicht ohne weiteres zu vernachlässigen. Allerdings ist zu berücksichtigen, daß bei Voraussetzung einer isentropen Zustandsänderung die Temperatur am Düseneintritt gleich der adiabaten Verbrennungstemperatur gewählt wird. Diese ist aber um 130 grd höher als die hier unter Berücksichtigung der Brennkammerkühlung gewählte Expansionsanfangstemperatur. Bei dem Vergleich der verschiedenen Expansionshypothesen ist aber der Temperaturabfall in der Brennkammer mit in die Betrachtungen einzubeziehen, so daß die Temperaturerhöhung durch Reibung auf das Gesamtergebnis der Rechnung mit Berücksichtigung der Kühlung von wesentlich geringerem Einfluß wird. Dies wird für ein Beispiel in Abb. 46 gezeigt.

VII. Theoretische Grundlagen der angewandten optischen Temperaturmeßverfahren

Die bekannten Methoden der Pyrometrie, die auf der Voraussetzung eines schwarzen oder grauen Strahlers beruhen und für feste Körper oder Flüssigkeiten Verwendung finden, lassen sich für Gase im allgemeinen nicht anwenden. Eine Ausnahme bilden lediglich Feststoffe enthaltende Flammen, zum Beispiel rußhaltige Flammen oder Flammen von Raketentreibstoffen mit metallischen Zusätzen, bei denen das diskontinuierliche Gasspektrum durch das kontinuierliche Feststoffspektrum überdeckt wird.

Während die Strahlung eines schwarzen Körpers bei einer gegebenen Wellenlänge lediglich von der Temperatur abhängt, wird die Strahlung eines Gases außer von der Temperatur durch die Zusammensetzung, den Druck und die Geometrie beeinflußt. Es ist daher nicht möglich, aus der gemessenen Strahlungsenergie allein die Gastemperatur zu bestimmen. Die außer der Temperatur vorhandenen Einflußgrößen können jedoch dadurch Berücksichtigung finden bzw. eliminiert werden, daß man gleichzeitig die spektrale Emission und Absorption des Gases mißt. Diese Methode, die erstmalig von H. SCHMIDT 1909 vorgeschlagen wurde, wird vielfach zur Bestimmung von Flammentemperaturen verwendet und als spektrale Emissions-Absorptionsmethode bezeichnet [79–82].

1. Spektrale Emissions-Absorptionsmethode

Das Verfahren beruht darauf, daß man gleichzeitig bzw. kurz hintereinander die von der Flamme emittierte Strahlung und die Strahlung der Flamme bei gleichzeitiger Durchleuchtung mit einer Vergleichslampe bei der gleichen Wellenlänge mißt. Hierbei wird ein Teil der Lampenstrahlung von der Flamme absorbiert und ein Teil durchgelassen. Das Prinzip der Messung ist in Abb. 29 schematisch dargestellt. Bezeichnet man die Intensität der Flamme bei einer gegebenen Wellenlänge und der (zu bestimmenden) Gastemperatur T_g mit $I_g(\lambda, T_g)$, die Intensität der Vergleichslampe bei der gleichen Wellenlänge und der Lampentemperatur T_L mit $I_L(\lambda, T_L)$ sowie die Intensität, die bei Durchleuchtung der Flamme mit der Vergleichslampe gemessen wird, mit $I_{L+g}(\lambda, T_g, T_L)$, so gilt bei Vernachlässigung von Reflexion:

$$I_{L+g}(\lambda, T_g, T_L) = I_g(\lambda, T_g) + I_L(\lambda, T_L)\,[1 - \alpha_g(\lambda, T_g)] \tag{73}$$

Hierbei bedeutet $\alpha_g(\lambda, T_g)$ die Absorptionszahl des Gases bei der Wellenlänge λ und der Gastemperatur T_g. Aus Gl. (73) folgt für α_g

$$\alpha_g(\lambda, T_g) = 1 + \frac{I_g(\lambda, T_g)}{I_L(\lambda, T_L)} - \frac{I_{L+g}(\lambda, T_g, T_L)}{I_L(\lambda, T_L)} \tag{74}$$

Wie man aus Gl. (74) ersieht, ist zur Bestimmung der Absorptionszahl $\alpha(\lambda, T_g)$ lediglich eine relative Messung der Intensitäten des Gases, der Vergleichslampe und der Intensität von Gas und Lampe erforderlich. Die Abhängigkeit der Werte I_L und I_{L+g} von der Temperatur der Vergleichslampe braucht nicht bekannt zu sein, so daß vereinfacht geschrieben werden kann:

$$\alpha_g(\lambda, T_g) = 1 + \frac{I_g(\lambda, T_g)}{I_L(\lambda)} - \frac{I_{L+g}(\lambda, T_g)}{I_L(\lambda)} \tag{75}$$

Hat man $\alpha_g(\lambda, T_g)$ durch Messung von I_g, I_L und I_{L+g} bestimmt, so läßt sich die Gastemperatur mit Hilfe des Kirchhoffschen und Planckschen Gesetzes berechnen. Nach KIRCHHOFF gilt

$$\frac{I_g(\lambda, T_g)}{\alpha_g(\lambda, T_g)} = I_{s,g}(\lambda, T_g) \tag{76}$$

In dieser Gleichung bedeutet $I_{s,g}(\lambda, T_g)$ die Intensität eines äquivalenten schwarzen Strahlers bei der Wellenlänge λ und der Gastemperatur T_g, so daß T_g aus dem Planckschen Gesetz

$$I_s(\lambda, T) = \frac{2\,c_1}{\lambda^5\,(e^{c_2/\lambda T} - 1)} \tag{77}$$

mit $c_1 = c_0^2 h = 0{,}5954 \cdot 10^{-12}$ Watt cm² und $c_2 = c_0 h/k = 1{,}438$ cm grd berechnet werden kann.

Das Verfahren läßt sich für Messungen im ultravioletten, im sichtbaren und infraroten Bereich anwenden, vorausgesetzt, daß das Gas als optisch dick angesehen werden kann, das heißt, daß die Absorptionszahl hinreichend hoch ist. Im allgemeinen wird eine Absorptionszahl von mindestens 5% als notwendig erachtet, um eine hinreichende Meßgenauigkeit zu erzielen [82].

2. Spektrallinien-Umkehrmethode

Bei diesem Verfahren, das eine Abwandlung der spektralen Emissions-Absorptionsmethode darstellt und erstmalig von KURLBAUM 1902 vorgeschlagen wurde, wird die Intensität der Vergleichslampe so lange variiert, bis die vom Gas emittierte Strahlungsenergie gleich der Strahlungsenergie ist, die das Gas von der einfallenden Strahlung der Vergleichslampe absorbiert. Mit den Bezeichnungen des vorhergehenden Abschnittes gilt dann für die Umkehrbedingung

$$I_{L+g}(\lambda, T_g, T_L) = I_L(\lambda, T_L) \tag{78}$$

Setzt man diese Beziehung in Gl. (74) ein, so folgt

$$I_L(\lambda, T_L) = \frac{I_g(\lambda, T_g)}{\alpha_g(\lambda, T_g)} = I_{s,g}(\lambda, T_g) \tag{79}$$

Nach dem Kirchhoffschen Gesetz entspricht das zweite Glied in Gl. (79) der Strahlung eines schwarzen Körpers bei der Temperatur T_g. Wegen $\alpha(\lambda, T) = \varepsilon(\lambda, T)$ läßt sich für die Intensität der Vergleichslampe auch schreiben

$$I_L(\lambda, T_L) = \varepsilon_L(\lambda, T_L)\, I_s(\lambda, T_L) \tag{80}$$

Mit Gl. (79) folgt hieraus

$$I_{s,g}(\lambda, T_g) = \varepsilon_L(\lambda, T_L)\, I_s(\lambda, T_L) \tag{81}$$

Zur Bestimmung der Gastemperatur mittels Gl. (81) ist es mithin erforderlich, ε_L und T_L zu messen. $I_s(\lambda, T_L)$ und T_g ergeben sich dann aus dem Planckschen Gesetz, Gl. (77). Wird ein schwarzer Strahler als Vergleichslampe verwandt, so wird $T_g = T_L$ wegen $\varepsilon_L = 1$.

3. Anwendung für Na- und OH-Linien

Die Umkehr einer der beiden Na-Linien bei 5890 oder 5896 Å wird am häufigsten zur Flammentemperaturbestimmung herangezogen [79–86].

Hierzu ist es erforderlich, der Flamme Natrium oder eine Natrium enthaltende Substanz beizumischen. Bei flüssigen Kraftstoffen läßt sich dies im allgemeinen einfach verwirklichen, bei der Verbrennung von gasförmigen Brennstoffen mit Sauerstoff unter hohem Druck wie im vorliegenden Fall ist der versuchsmäßige Aufwand für die Na-Zufuhr wesentlich größer. Wie in Abschnitt III näher beschrieben, erfolgte die Na-Zufuhr in der Weise, daß ein Teil des für die Verbrennung erforderlichen Sauerstoffes über ein in einem Druckbehälter befindliches flüssiges Bad von Natriumnitrid geleitet wurde, wobei hinreichend Natrium vom Sauerstoff aufgenommen wurde.

Ein wesentlicher Vorteil der Na-Umkehrmethode bzw. der Emissions-Absorptionsmethode mittels Natrium besteht darin, daß diese auch bei optisch dünnen, das heißt schwach absorbierenden Gasen angewandt werden können, bei denen eine Temperaturbestimmung aus dem Flammenspektrum mittels der Emissions-Absorptionsmethode oder der Umkehr einer Linie des Spektrums wegen zu geringer Absorption nicht möglich ist. Da die Na-Linien stark absorbieren, ist diese Einschränkung hierbei nicht gegeben. Außerdem ist es unter Umständen durch örtliches Impfen der Flamme mit Natrium möglich, Temperaturprofile auszumessen. Da beide Linien im sichtbaren Bereich liegen, kann der Abgleich der Intensitäten visuell erfolgen, so daß die Meßapparatur sehr einfach gehalten werden kann. Für genaue Messungen ist jedoch ein fotoelektrischer Abgleich erforderlich.

Als Vergleichsstrahler wird üblicherweise eine Wolframbandlampe verwendet, deren Temperatur durch Variation des Heizstromes bis zu einer Temperatur von etwa 2800 K verändert werden kann. Für höhere Temperaturen kommen die Kohlebogenlampe oder Xenon-Hochdrucklampe als Vergleichsstrahler in Betracht. Die Intensität der Xenon-Lampe ist allerdings nicht stufenlos regelbar, so daß eine exakte Einstellung des Umkehrpunktes hierbei nicht möglich ist. In diesem Fall ist es erforderlich, die Emissions-Absorptionsmethode anzuwenden.

Die Temperatur, die man mittels der Na-Linien ermittelt, ist als eine statistische Temperatur aufzufassen, entsprechend der Boltzmannschen Gleichung.

Unter Voraussetzung von thermischem Gleichgewicht gilt nach Boltzmann für den Übergang von einem angeregten Energiezustand E_n auf den Grundzustand E_m

$$\frac{N_n}{N_m} = \frac{g_n}{g_m} e^{\frac{-(E_n - E_m)}{kT}} \tag{82}$$

Hierin bedeutet N_n die Anzahl der Atome im angeregten Zustand E_n mit dem statistischen Gewicht g_n und N_m die Anzahl der Atome im Grundzustand mit dem statistischen Gewicht g_m, k ist die Boltzmann-Konstante und T die absolute Temperatur. Die Energiedifferenz $E_n - E_m$ entspricht der elektronischen Anregungsenergiedifferenz der Na-Atome, so daß man T auch als elektronische Anregungstemperatur bezeichnet. Sofern die Voraussetzung von thermischem Gleichgewicht zutrifft, kann die gemessene Temperatur als gleich der translatorischen Gastemperatur angesehen werden. In der Reaktionszone von Flammen können jedoch Abweichungen vom thermischen und chemischen Gleichgewicht vorkommen. Es sind verschiedentlich abnormale Anregungs zustände als Folge von chemischen Prozessen nachgewiesen worden, die zu größeren Fehlern bei der Temperaturbestimmung führen können [80, 81, 87]. Wie bereits erwähnt wurde, ist es empfehlenswert, die Gastemperatur nach zwei Verfahren zu messen. Nur dann, wenn beide Meßverfahren zum gleichen Ergebnis führen, kann mit hinreichender Wahrscheinlichkeit angenommen werden, daß Gleichgewicht vorliegt, und die gemessenen Temperaturen der wirklichen (translatorischen) Gastemperatur entsprechen.

Bei der Verbrennung von Kohlenwasserstoffen mit Luft oder Sauerstoff weist das Flammenspektrum im ultravioletten Gebiet (UV) Banden von OH auf. Bekanntlich sind die im UV auftretenden Banden auf elektronische Übergänge zurückzuführen, bei denen gleichzeitig eine Änderung der vibratorischen und rotatorischen Energiezustände des Moleküls erfolgt. Der Energiebetrag, der der Änderung der elektronischen Energie entspricht, ist wesentlich größer als die Änderung der vibratorischen Energie und diese ist wiederum größer als die Änderung der rotatorischen Energiezustände: Somit ist die Lage des ganzen Bandensystems im Spektrum durch den elektronischen Übergang gegeben, während die vibratorischen Übergänge die Lage der einzelnen Banden des Bandensystems und die rotatorischen Übergänge die Feinstruktur der Linien der Banden bestimmen.

Der bei einer Wellenlänge von 3064 Å liegende Bandenkopf der OH-Bande, der einem Elektronenübergang zwischen den jeweils kleinsten vibratorischen Energiezuständen des angeregten und Grundzustandes entspricht (O–O-Übergang), ist auf Grund seiner hohen Intensität für Temperaturmessungen besonders geeignet und wurde daher für die Verfahren der Linienumkehr und der Emissions-Absorptionsmessung verwendet [81, 88]. Aus der Intensitätsverteilung der rotatorischen und vibratorischen Linien der OH-Banden kann auch die rotatorische und vibratorische OH-Temperatur ermittelt werden [87, 89–92].

Für die vorliegenden Untersuchungen wurde sowohl die Na-Linie bei 5890 Å als auch der OH-Bandenkopf bei 3064 Å zur Gastemperaturbestimmung herangezogen. Die Messungen erfolgten nach der spektralen Emissions-Absorptionsmethode unter Verwendung der Kohlebogenlampe und zum Teil auch der Xenon-Hochdrucklampe als Vergleichsstrahler.

4. Temperaturprofilbestimmung

Im Hinblick auf die Wärmeabgabe an die Brennkammer- und Düsenwände treten erhebliche Temperaturgradienten im Gas auf. Die nach den oben beschriebenen Methoden gemessenen Temperaturen stellen somit einen Mittelwert längs des optischen Weges dar, weil die kälteren Gasschichten einen Teil der von den heißeren Gasschichten emittierten Strahlung absorbieren. Die gemessene mittlere Temperatur wird in Richtung niedrigerer Werte verschoben, wenn die Messung bei Wellenlängen mit größerer Absorption erfolgt und in Richtung höherer Werte, wenn bei Wellenlängen mit niedriger Absorption gemessen wird. Nach dem Lambert–Beerschen Gesetz hängt die Absorption außerdem von der Dichte der absorbierenden Gaskomponenten ab, so daß sich auch unterschiedliche Bedingungen ergeben, wenn bei unterschiedlichen Drücken gemessen wird. Eine genaue Aussage über die in der Brennkammer und Düse auftretenden Temperaturen ist daher nur möglich, wenn auch das Temperaturprofil ermittelt wird.

Es wurde bereits erwähnt, daß durch örtliches Impfen einzelner Flammenzonen mittels Natrium und Anwendung der Na-Umkehrmethode prinzipiell Temperaturprofile gemessen werden können. Für Brennkammeruntersuchungen wie im vorliegenden Fall scheidet dieses Verfahren aus, weil wegen der Wirbelvorgänge im Brenner das zugeführte Natrium über die ganze Brennkammer verteilt wird.

Die Abhängigkeit der Absorptionszahl von der Wellenlänge und der Temperatur kann ebenfalls zur Profilmessung herangezogen werden. Dies erfordert eine Messung des Emissions- und Absorptionsspektrums längs des gleichen optischen Weges bei verschiedenen Wellenlängen [93]. Eine weitere Möglichkeit besteht darin, einen temperaturabhängigen optischen Parameter quer zur Flamme abzutasten. Dieses Verfahren wird für die vorliegenden Untersuchungen verwendet.

Bei der Anwendung des Verfahrens wird ein symmetrisches Temperaturprofil vorausgesetzt und angenommen, daß für den eingestellten Wellenlängenbereich $\Delta\lambda$ das Lambert–Beersche Gesetz gilt. Dieses lautet bekanntlich

$$\alpha_\lambda(T) = 1 - e^{-k_\lambda \varrho l} \tag{83}$$

Hierin bedeutet $\alpha_\lambda(T)$ die Absorptionszahl, ϱ die Dichte der absorbierenden Komponenten, l der optische Weg im Gas und k_λ der spektrale Absorptionskoeffizient, der eine Funktion der Temperatur ist. Damit das Lambert–Beersche Gesetz als gültig angesehen werden kann, ist es erforderlich, die Spaltbreite kleiner als die Linienbreite zu wählen, das heißt, es muß ein Gerät mit hoher Auflösung verfügbar sein.

Die Strahlung der Flamme wird in mehreren seitlichen Abständen gemessen, ebenso die Intensität bei Durchleuchtung der Flamme mit einem Vergleichsstrahler (vgl. Abb. 30), so daß man entsprechend Abschnitt 1 eine Beziehung für die Absorptionszahl bzw. die Durchlässigkeit erhält. Bezeichnet man die Flammenstrahlung in x-Richtung im Abstand y von der x–z-Ebene mit $I_{\lambda,\,g}(y)$, die entsprechenden Intensitäten der Vergleichslampe und bei Durchleuchtung der Flamme mit $I_{\lambda,\,L}$ und $I_{\lambda,\,L+g}(y)$, so gilt nach Gl. (74) für die Durchlässigkeit wegen $\alpha_\lambda = 1 - \tau_\lambda$

$$\tau_\lambda(y) = \frac{I_{\lambda,\,L+g}(y) - I_{\lambda,\,g}(y)}{I_{\lambda,\,L}} \tag{84}$$

Ferner läßt sich nach dem Lambert–Beerschen Gesetz für Gl. (83) schreiben:

$$\tau_\lambda(y) = e^{-\int\limits_{-x_0}^{+x_0} k_\lambda(r)\,\varrho(r)\,dx} \tag{85}$$

Führt man den auf die Volumeneinheit bezogenen Absorptionskoeffizienten $K_\lambda(r) = k_\lambda(r)\,\varrho(r)$ ein, so folgt bei Berücksichtigung der Symmetriebedingungen und wegen $x^2 = r^2 - y^2$

$$\ln \tau_\lambda(y) = -2 \int\limits_y^R \frac{K_\lambda(r)\,r\,dr}{\sqrt{r^2 - y^2}} \tag{86}$$

Diese Beziehung stellt eine Abelsche Integralgleichung dar, deren Lösung lautet [94, 95]:

$$K_\lambda(r) = \frac{1}{\pi r}\,\frac{d}{dr} \int\limits_r^R \ln \tau_\lambda(y)\,\frac{y}{\sqrt{y^2 - r^2}}\,dy \tag{87}$$

Da $\tau_\lambda(y)$ auf Grund der Messung bekannt ist, läßt sich der Absorptionskoeffizient $K_\lambda(r)$ aus Gl. (87) berechnen. Die numerische Auswertung erfolgt nach [96] in der Weise, daß $\ln \tau_\lambda(y)$ durch Polynome dargestellt wird, so daß die Integration analytisch erfolgen kann.

Für die in x-Richtung emittierte Intensität der Flamme gilt

$$I_{\lambda,g}(y) = \int\limits_{-x_0}^{x_0} \varepsilon_\lambda(r)\,\varrho(r)\,\tau_\lambda(x, y)\,dx \tag{88}$$

In dieser Gleichung bedeutet $\varepsilon_\lambda(r)$ den auf die Masseneinheit bezogenen Emissionskoeffizienten an der Stelle r und $\varrho(r)$ die Dichte. Das Produkt $\varepsilon_\lambda(r)\,\varrho(r) = f_\lambda(r)$ stellt den auf die Volumeneinheit bezogenen Emissionskoeffizienten dar.

Für die Durchlässigkeit an der Stelle x im Abstand y gilt

$$\tau_\lambda(y, x) = e^{-\int\limits_{-x_0}^{x} K_\lambda(r)\,dx} \tag{89}$$

oder bei Einführung von Polarkoordinaten

$$\tau_\lambda(y, x) = \begin{cases} e^{-\int\limits_{r=y}^{R} \frac{K_\lambda(r)\,r\,dr}{\sqrt{r^2 - y^2}} - \int\limits_{x}^{r} \frac{K_\lambda(r)\,r\,dr}{\sqrt{r^2 - y^2}}} & \text{für } x > 0 \\ e^{-\int\limits_{r}^{R} \frac{K_\lambda(r)\,r\,dr}{\sqrt{r^2 - y^2}}} & \text{für } x < 0 \end{cases} \tag{90}$$

Setzt man Gl. (90) in Gl. (88) ein, so erhält man unter Berücksichtigung der Symmetriebedingung

$$I_{\lambda,g}(y) = \int_y^R \frac{f_\lambda(r)\, r\, dr}{\sqrt{r^2 - y^2}} \left[e^{-\int_r^R \frac{K_\lambda(r) \cdot r\, dr}{\sqrt{r^2-y^2}}} + e^{-\int_y^R \frac{K_\lambda(r)\, r\, dr}{\sqrt{r^2-y^2}} - \int_y^r \frac{K_\lambda(r)\, r\, dr}{\sqrt{r^2-y^2}}} \right] \tag{91}$$

oder nach Umformung

$$I_{\lambda,g}(y) = \int_y^R \frac{f_\lambda(r)\, r\, dr}{\sqrt{r^2 - y^2}} \left[e^{\int_y^r \frac{K_\lambda(r) r\, dr}{\sqrt{r^2-y^2}}} + e^{-\int_y^r \frac{K_\lambda(r)\, r\, dr}{\sqrt{r^2-y^2}}} \right] \left[e^{-\int_y^R \frac{K_\lambda(r) r\, dr}{\sqrt{r^2-y^2}}} \right] \tag{92}$$

Nach Gl. (86) entspricht die rechte Klammer der Größe $\sqrt{\tau_\lambda(y)}$, die auf Grund der Messung bekannt ist. Hiermit folgt:

$$\frac{I_{\lambda,g}(y)}{\sqrt{\tau_\lambda(y)}} = 2 \int_y^R f_\lambda(r) \cosh \left[\int_y^r \frac{K_\lambda(r)\, r\, dr}{\sqrt{r^2 - y^2}} \right] \frac{r}{\sqrt{r^2 - y^2}}\, dr \tag{93}$$

Wenn die Flamme als optisch dünn angesehen werden kann, das heißt die Durchlässigkeit $\tau_\lambda(y) = 1$ und die Absorption Null ist, vereinfacht sich Gl. (93) wie folgt:

$$I_{\lambda,g}(y) = 2 \int_y^R f_\lambda(r) \frac{r}{\sqrt{r^2 - y^2}}\, dr \tag{94}$$

und stellt eine Abelsche Gleichung dar, die entsprechend Gl. (87) gelöst werden kann und den radialen Emissionskoeffizienten $f_\lambda(r)$ in Abhängigkeit von der Geometrie und der gemessenen Intensitätsverteilung $I_{\lambda,g}(y)$ liefert. Für Durchlässigkeiten größer als 80% kann nach [97] das cosh-Glied in Gl. (93) noch mit hinreichender Genauigkeit gleich 1 gesetzt werden, so daß Gl. (93) ebenfalls eine Abelsche Gleichung wird und nach $f_\lambda(r)$ gelöst werden kann.

Für Durchlässigkeiten kleiner als 80% sind verschiedene Verfahren für eine angenäherte Lösung der Gl. (93) vorgeschlagen worden [96–99]. Nach [96] läßt sich die Größe $f_\lambda(r)$ durch folgende Summe annähern:

$$f_\lambda(r) = f_{0,\lambda}(r) + f_{1,\lambda}(r) + \cdots f_{n,\lambda}(r) + \cdots \tag{95}$$

wobei die Größe $f_{0,\lambda}(r)$ wie folgt definiert wird:

$$2 \int_y^R \frac{f_{0,\lambda}(r)\, r\, dr}{\sqrt{r^2 - y^2}} = \frac{I_{\lambda,g}(y)}{\sqrt{\tau_\lambda(y)}} \tag{96}$$

Für die übrigen Glieder $f_{1,\lambda}(r), f_{2,\lambda}(r) \ldots f_{n,\lambda}(r)$ ergibt sich dann jeweils folgender Ausdruck:

$$\int_y^R \frac{f_{n,\lambda}(r)\, r\, dr}{\sqrt{r^2 - y^2}} = - \int_y^R \frac{f_{n-1,\lambda}(r)\, r\, dr}{\sqrt{r^2 - y^2}} \left[\cosh \left(\int_y^r \frac{K_\lambda(r)\, r\, dr}{\sqrt{r^2 - y^2}} \right) - 1 \right] \tag{97}$$

Gl. (96) läßt sich mittels einer Abel-Inversion unter Verwendung der gemessenen Daten $I_{\lambda,g}(y) \sqrt{\tau_\lambda(y)}$ nach $f_{0,\lambda}(r)$ lösen.

Hat man $f_{0,\lambda}(r)$ ermittelt, kann die rechte Seite der Gl. (97) integriert werden, so daß man $f_{,1\,\lambda}(r)$ wieder über eine Abel-Inversion erhält. In dieser Weise lassen sich schrittweise die Größen $f_{n,\lambda}(r)$ durch eine Reihe von Integrationen und Abel-Inversionen berechnen. Dieses Verfahren wurde für die vorliegenden Untersuchungen ebenfalls

angewendet. Die numerische Auswertung führt zu einer im Vorzeichen alternierenden Reihe, die rasch konvergiert und unter den vorliegenden Bedingungen bereits bei $n = 3$ abgebrochen werden kann.
Die gesuchte radiale Temperaturverteilung erhält man schließlich aus dem Kirchhoffschen Gesetz gemäß der Beziehung

$$\frac{f_\lambda(r)}{K_\lambda(r)} = I_{\lambda,\,s}(\mathrm{T}_r) \tag{98}$$

mit $I_{\lambda,\,s}(T_r)$ als der Intensität des schwarzen Strahlers bei der Temperatur T_r.

VIII. Temperaturmeßeinrichtung

1. Beschreibung des Gitterspektrographen

Für die Temperaturmessung wurde ein 3,4-m-Ebert-Gitterspektrograph verwendet. Die Meßanordnung bzw. die Lichtwege sind schematisch in Abb. 31 wiedergegeben. Ein Ausschnitt aus der Flamme in der Brennkammerachse wird auf dem Eintrittsspalt des Spektrographen abgebildet. Das in den Spektrographen einfallende Licht wird von einem Hohlspiegel auf ein Reflexionsgitter geworfen, von dort fällt das Spektrum auf einen zweiten Hohlspiegel und über einen Planspiegel auf die Austrittsspalte des Gerätes. Der durch den Austrittsspalt ausgeblendete Teil des Spektrums gelangt dann über einen Plan- und Hohlspiegel auf einen Fotomultiplier.
In gleicher Ebene mit dem zweiten Hohlspiegel befindet sich ein Halter für Fotoplatten, so daß bei Herausfahren des Planspiegels aus dem Lichtweg der eingestellte Bereich des Spektrums fotografisch aufgenommen werden kann.
Man bezeichnet diese optische Anordnung als Ebert-Anordnung. Sie hat den Vorteil, daß wegen des Fehlens von Linsen eine stigmatische Abbildung des Eintrittsspaltes auf die Fotoplatte bzw. auf die Austrittsspalte erfolgt. Die Daten des Gitters sind: 576 Strich/mm, Blazewinkel 5,8°; Dispersion 5,11 Å/mm bei einer Auflösung von $\lambda/\Delta\lambda = 59\,900$. Das Gitter ist um seine vertikale Achse drehbar, wobei die Anzeige in hundertstel Grad des Einfallswinkels über ein Zählwerk erfolgt.
Der Plattenhalter ist für die Aufnahme von zwei Platten der Größe 25 cm × 10 cm ausgelegt. Bei einer Gitterstellung von 5,6° läßt sich damit ein Wellenlängenbereich in der 1. Ordnung von 2076 bis 4691 Å erfassen. Der entsprechende Dispersionsbereich beträgt 5,18–5,10 Å/mm.
Der Eintrittsspalt ist in der Breite durch eine Mikrometerschraube bis 0 und in der Höhe durch eine Blende bis maximal 18 mm verstellbar (übliche Eintrittsspaltbreite 10–30 μ). Im Austrittsspaltkreis sind zwölf Austrittsspalte mit einer konstanten Breite von 80 μ angeordnet, so daß gleichzeitig zwölf Linien gemessen werden können, wobei für jeden Austrittsspalt ein Fotomulsiplier vorgesehen ist. Bei dieser Anordnung beträgt der Mindestabstand zweier erfaßbarer Linien 4 mm, entsprechend etwa 20 Å, und der pro Spalte erfaßte Spektralbereich etwa 0,41 Å.
An Stelle der festen Austrittsspalte können auch mehrere in der Breite verstellbare Austrittsspalte des gleichen Typs wie der Eintrittsspalt angeordnet werden.

2. Versuchsdurchführung

Da die Intensitätsmessung mittels Fotomultiplier genauer als mit Hilfe von Fotoplatten ist, wurden alle Messungen mit Fotomultipliern durchgeführt. Als Fotomultiplier wurde zunächst die Type RCA 1 P 28 (10stufige Verstärkung bei 1000 V Spannung) verwendet. Da dessen Empfindlichkeit nicht in allen untersuchten Intensitätsbereichen befriedigte, wurde später die Type EMI 6256 (10stufige Verstärkung bei 1600 V) benutzt, dessen Empfindlichkeit um den Faktor 10 höher als bei der Type RCA 1 P 28 ist. Zur leichteren Identifizierung des Flammenspektrums und zum Vergleich wurde dieses auch fotografisch unter Verwendung von Kodak-UV-Platten aufgenommen. Je nach Höhe des Eintrittsspaltes können mindestens fünf bis sechs Aufnahmen auf einer Platte übereinander vorgenommen werden. Mögliche Fehler bezüglich der Intensitätsmessung durch Verunreinigungen, die ein kontinuierliches Spektrum haben, sind aus der Spektrumaufnahme sofort ersichtlich.

Durch Aufnahme der (bekannten) Intensität des Vergleichsstrahlers vor und nach jedem Versuch wurde überprüft, ob eine Änderung im optischen System, zum Beispiel eine Änderung der Durchlässigkeit der Quarzfenster in der Brennkammer durch Verschmutzung oder Anschmelzen infolge mangelhafter Kühlung aufgetreten ist. Diese Kontrollmessungen wurden fotoelektrisch durchgeführt.

In Abb. 32 sind zwei typische Aufnahmen von Flammenspektren wiedergegeben. Das obere Bild zeigt das Spektrum einer Acetylen-Schweißbrennerflamme im ultravioletten Gebiet und das untere Bild ein Flammenspektrum, das in der Brennkammer für die Reaktion $CH_4 + \lambda\, 2\, O_2$ bei $\lambda = 1$ und einem Druck von $p_1 = 8$ kp/cm^2 aufgenommen wurde. In beiden Spektren ist der OH-Bandenkopf bei 3064 Å deutlich zu erkennen. Die Schweißbrennerflamme zeigt ferner den CH-Bandenkopf bei 3144 Å, der im Brennkammerspektrum nicht auftritt.

IX. Ergebnis der experimentellen Untersuchungen an der Brennkammer und Düse und Vergleich mit theoretischen Werten

1. Verbrennungsendtemperatur in Abhängigkeit vom Oxydationsverhältnis und der Brennkammerausführung

In Abb. 33 sind die bei einem Brennkammerdruck von 4 kp/cm^2 bei der Verbrennung von Methan und Sauerstoff mittels der spektralen Emissions-Absorptionsmethode unter Verwendung des OH-Bandenkopfes bei 3064 Å gemessenen Verbrennungsendtemperaturen am Brennkammerende in Abhängigkeit vom Oxydationsverhältnis dargestellt. Man ersieht aus der Abbildung, daß der Streubereich der bei verschiedenen Versuchen gemessenen Temperaturen etwa $\pm$ 30 grd, entsprechend $\pm$ 1%, beträgt. Vergleicht man die Meßwerte mit der adiabaten Verbrennungstemperatur, so liegen diese bei Oxydationsverhältnissen von $\lambda = 0{,}8$ und größer um etwa 120 grd unterhalb der theoretischen Temperatur, wie auf Grund des Kühlungseinflusses erwartet werden kann. Bei kleineren Oxydationsverhältnissen, das heißt im Sauerstoffmangelgebiet, liegen die Temperaturen jedoch oberhalb der adiabaten Verbrennungstemperatur.

Diese Erscheinung kann dadurch erklärt werden, daß sich im Sauerstoffmangelgebiet die Reaktionszone bis in den Düseneinlauf erstreckt und infolge abnormaler Anregungserscheinungen, die in der Reaktionszone von Flammen auftreten können, die Temperatur zu hoch gemessen wird.
Zur Überprüfung dieser Erscheinung wurden daher zusätzlich Temperaturmessungen an einer größeren Brennkammer mit einem Durchmesser von 75 mm und gleicher Länge (charakteristische Länge 18 m) durchgeführt. Das Ergebnis der an beiden Brennkammern bei einem Druck von 8 kp/cm^2 durchgeführten Untersuchungen ist in Abb. 34 wiedergegeben. Die hier dargestellten Meßpunkte entsprechen jeweils Mittelwerten aus mehreren Messungen.
Wie die Abbildung zeigt, ergibt sich bei der größeren Brennkammer mit $L^* = 18$ m der erwartete Temperaturabfall im Bereich kleinerer Oxydationsverhältnisse. Lediglich bei erheblichem Sauerstoffmangel liegt auch hier die gemessene Temperatur oberhalb der adiabaten Temperatur. Obwohl die Verweilzeit des Gases bei dieser Kammer mehr als doppelt so groß ist wie bei der kleineren Kammer, muß bei großem Sauerstoffmangel noch mit einer nicht abgeschlossenen Verbrennung am Düseneinlauf gerechnet werden. Im Bereich des Sauerstoffüberxchußgebietes, in dem die Verbrennung als abgeschlossen angesehen werden kann, sind die gemessenen Brennkammerendtemperaturen bei der größeren Brennkammer erwartungsgemäß höher als bei der kleineren Kammer, weil die Versuche mit konstantem Kühlmitteldurchsatz durchgeführt wurden und daher der Kühlungseinfluß bei der größeren Kammer geringer ist (vgl. Abb. 35).
Die in beiden Brennkammern bei einem Druck von 6 kp/cm^2 gemessenen Temperaturen zeigen die gleiche Tendenz und sind in Abb. 34 ebenfalls wiedergegeben.

2. Abgeführte Wärmemengen und Temperaturverlauf in Brennkammer und Düse

Die in der Brennkammer und in der Düse gemessenen abgeführten Wärmemengen (q_{Br} und $q_{Dü}$) sowie die Summe aus beiden sind in Abb. 35 in Abhängigkeit vom Oxydationsverhältnis bei einem Brennkammerdruck von 8 kp/cm^2 für beide Brennkammern dargestellt. Bei der großen Brennkammer mit einer charakteristischen Länge von 18 m zeigt die Abhängigkeit der abgeführten Wärmemenge vom Oxydationsverhältnis erwartungsgemäß die gleiche Tendenz wie der Verlauf der Verbrennungsendtemperatur gemäß Abb. 34. Das Maximum der abgeführten Wärmemenge tritt im Bereich des stöchiometrischen Mischungsverhältnisses auf. Bei der kleinen Brennkammer mit einer charakteristischen Länge von 8 m hingegen ergibt sich das Maximum der abgeführten Wärmemenge bei größerem Sauerstoffüberschuß. Bei Sauerstoffmangel ist die abgeführte Wärmemenge in der Brennkammer kleiner als theoretisch erwartet wird, dagegen steigt die abgeführte Wärmemenge in der Düse an. Dies bestätigt die Vermutung, daß sich die Reaktionszone bei Sauerstoffmangel bis in die Düse und hinter die Düse erstreckt. Lediglich bei Oxydationsverhältnissen von 1,4 und größer kann die Verbrennung am Brennkammerende als abgeschlossen angesehen werden. Da der Kühlmitteldurchsatz bei beiden Brennkammerausführungen gleich ist, wird die kleinere Brennkammer stärker gekühlt, so daß die abgeführte Wärmemenge hierbei größer als bei der großen Brennkammer ist.
Die Erklärung, daß bei Sauerstoffmangel die Verbrennungszone sich bis hinter die Düse erstreckt, wird auch durch Beobachtung der Flamme am Düsenaustritt bestätigt. Bei den Versuchen mit der größeren Brennkammer zeigt sich, daß nur am Rande des austretenden Gasstrahles eine Nachverbrennung infolge des Sauerstoffmangels auftritt, wohingegen bei den Versuchen mit der kleineren Brennkammer eine Reaktion im gesamten Abgasstrahl zu beobachten ist.

Ein Vergleich zwischen den gemessenen und berechneten abgeführten Wärmemengen in der Brennkammer ($L^* = 18$ m) und Düse ($d_{min} = 10$ mm) ist in Abb. 36 wiedergegeben. Die Rechnung wurde in der Weise durchgeführt, daß einerseits in Brennkammer und Düse jeweils chemisches Gleichgewicht und andererseits in Brennkammer und Düse jeweils eingefrorenes Gleichgewicht angenommen wurde. Die Rechnung für chemisches Gleichgewicht gibt erwartungsgemäß eine gute Übereinstimmung mit der in der Brennkammer gemessenen Wärmeabfuhr, hingegen die Rechnung für eingefrorenes Gleichgewicht mit den in der Düse gemessenen Werten. Zum Vergleich wurde für ein Beispiel die in der Düse abgeführte Wärmemenge unter der Voraussetzung berechnet, daß in der Brennkammer chemisches und in der Düse eingefrorenes Gleichgewicht vorliegt. Die Wärmeabfuhr ist in diesem Fall wegen der höheren Gaseintrittstemperatur in die Düse um etwa 6% größer als bei Voraussetzung eingefrorener Strömung in Brennkammer und Düse.
Es wurde bereits darauf hingewiesen, daß die Verweilzeit des Gases in der Brennkammer wesentlich größer ist als in der Düse und daher in der Brennkammer chemisches Gleichgewicht vorausgesetzt werden kann. Diese Überlegung wird durch die gute Übereinstimmung zwischen der gemessenen und für chemisches Gleichgewicht berechneten Wärmeabfuhr in der Brennkammer bestätigt. Ebenso kann auf Grund dieses Ergebnisses die Brauchbarkeit des gewählten Rechenverfahrens als nachgewiesen angesehen werden. Die Übereinstimmung zwischen Rechnung und Versuch ist allerdings bei der Düse nicht so gut wie bei der Brennkammer.
Die in den einzelnen Flanschen der Brennkammer ($L^* = 18$ m) gemessenen abgeführten Wärmemengen und Wandtemperaturen sind in den Abb. 37 und 38 wiedergegeben. Da die Thermoelemente zur Wandtemperaturbestimmung zwischen den Kühlkanälen angeordnet wurden, entsprechen die Meßwerte den maximalen Wandtemperaturen. Wie aus beiden Abbildungen hervorgeht, verschieben sich die Maxima der Wärmemengen und Wandtemperaturen mit zunehmendem Sauerstoffüberschuß in Richtung zum Brenner. Dieses Ergebnis bestätigt ebenfalls die Überlegung, daß die Verbrennungs- bzw. Reaktionszone mit zunehmendem Sauerstoffüberschuß kürzer wird, wie auch auf Grund der rechnerisch ermittelten Abhängigkeit der Verweilzeiten vom Oxydationsverhältnis (vgl. Tab. 3, S. 17) erwartet werden kann. Mit Hilfe der Reaktionskinetik dürfte diese Erscheinung rechnerisch nachweisbar sein, worauf im Rahmen der vorliegenden Arbeit nicht eingegangen wird.
In Abb. 39 sind die am Brennkammeranfang und Brennkammerende nach der spektralen Emissions-Absorptionsmethode unter Verwendung der OH-Linie bei 3064 Å gemessenen Temperaturen gegenübergestellt. Die am Brennkammeranfang (in Flansch 4) gemessenen Temperaturen liegen höher als die adiabate Verbrennungstemperatur. Da angenommen werden kann, daß in unmittelbarer Nähe des Brenners die Verbrennung noch nicht abgeschlossen ist, dürften wiederum abnormale Anregungserscheinungen die Ursache für die zu hoch gemessenen Temperaturen sein.
Der Verlauf der maximalen Wandtemperaturen längs der Brennkammer und die gemessene Temperaturverteilung im Brennkammerflansch 2 sind aus Abb. 40 ersichtlich. Die Wandtemperaturen wurden mittels Thermoelementen in einem Abstand von 2 mm von der Innenwand gemessen. Die Innenwandtemperaturen wurden hieraus rechnerisch bestimmt unter Voraussetzung eines radialen Wärmeflusses. Zum Vergleich ist auch die mittlere Wandtemperatur von 400° C eingezeichnet, die als Mittelwert den Rechnungen zugrunde gelegt wurde und die für das hier gezeigte Beispiel zufriedenstellend mit den Versuchsergebnissen übereinstimmt.
Die Abb. 41 zeigt die für ein Beispiel längs der Düsenwand gemessene Temperaturverteilung. Die diesbezüglichen Versuche wurden an einer Düse mit einem Durch-

messer des engsten Querschnitts von 15 mm durchgeführt. Das Ergebnis der Versuche zeigt, daß der auf Grund einer rechnerischen Abschätzung für das Rechenprogramm festgelegte Wandtemperaturverlauf im Prinzip durch die Messung bestätigt wird. Es wurde bereits erwähnt, daß wegen der hohen Gastemperatur die Temperaturdifferenz zwischen Gas und Wand ebenfalls sehr groß ist und daher eine Ungenauigkeit in der Annahme des Absolutwertes der Wandtemperatur nur von geringem Einfluß auf das Ergebnis der Berechnung der abgeführten Wärmemenge ist. Variationsrechnungen, die für verschiedene Wandtemperaturverläufe durchgeführt wurden, führten zu dem Ergebnis, daß ein Unterschied von 100 grd hinsichtlich der mittleren Wandtemperatur lediglich einen Unterschied bezüglich der abgeführten Wärmemenge von 1,35% bedingt. Aus diesem Grunde wurde der der Rechnung zugrunde gelegte Wandtemperaturverlauf, der in Abb. 41 zum Vergleich eingetragen ist, unverändert beibehalten.
Der gemessene Massendurchsatz in Abhängigkeit vom Oxydationsverhältnis ist für zwei Brennkammerdrücke von 8 und 4 kp/cm² in Abb. 42 dargestellt. Da die an der Brennkammer für die Temperaturmessung angebrachten Quarzfenster durch einen Stickstoffschleier gekühlt wurden, ist neben dem gesamten Gasdurchsatz auch der Durchsatz ohne Berücksichtigung des Kühlstickstoffes eingezeichnet. Der Massendurchsatz liegt in beiden Fällen oberhalb der Durchsätze, die sich theoretisch für chemisches und eingefrorenes Gleichgewicht bei Annahme einre isentropen Zustandsänderung ergeben. Dies dürfte auf den Einfluß der Kühlung zurückzuführen sein. Für das Beispiel $p_1 = 8$ kp/cm² und $\lambda = 1$ sind die theoretischen Durchsätze eingezeichnet, die sich unter Berücksichtigung der Kühlung für chemisches und eingefrorenes Gleichgewicht ergeben. Der gemessene Durchsatz liegt, wie man aus der Abbildung ersieht, zwischen diesen beiden Grenzwerten.
Der gemessene Durchsatz in Abhängigkeit vom Druck bei einem Oxydationsverhältnis von 1 ist aus Abb. 43 ersichtlich. Der hier gezeigte Vergleich zwischen gerechneten und gemessenen Durchsätzen bezieht sich auf die Brennkammer mit einer charakteristischen Länge von 8 m ($d_{\min} = 10$ mm). Bei gleichem engstem Querschnitt der Düse und Annahme isentroper Expansion hat die charakteristische Länge der Brennkammer keinen Einfluß auf das Ergebnis der Rechnung. Dies gilt jedoch nicht bei Berücksichtigung der Kühlung.

3. Vergleichende Temperaturmessungen mittels Na- und OH-Linien zur Überprüfung des thermischen Gleichgewichtes

In Abb. 44 und 45 sind die mittels der spektralen Emissions-Absorptionsmethode unter Verwendung des OH-Bandenkopfes bei 3064 Å gemessenen Temperaturen den Meßwerten gegenübergestellt, die sich bei Impfung der Flamme mit Natrium und Verwendung der Na-Linie bei 5890 Å für die Temperaturmessung ergeben. Für den Bereich des Oxydationsverhältnisses von 0,8 bis 1,8 und Brennkammerdrücke von 8 und 6 kp/cm² und Verwendung der Brennkammer mit einer charakteristischen Länge von 18 m stimmen die nach beiden Methoden gemessenen Temperaturen zufriedenstellend überein. Die Unterschiede, die sich ergeben, liegen innerhalb des Genauigkeitsbereiches, mit dem bei optischen Temperaturmeßverfahren gerechnet werden muß. Man kann mithin annehmen, daß in etwa thermisches Gleichgewicht im Gas am Ende der Brennkammer vorliegt und die hier gezeigten Temperaturwerte der translatorischen Gastemperatur entsprechen. Die unter Berücksichtigung der Brennkammerkühlung bei $p_1 = 8$ kp/cm² berechneten Temperaturen am Brennkammerende sind ebenfalls in Abb. 44 wiedergegeben. Die für chemisches Gleichgewicht durchgeführte Rechnung stimmt zufriedenstellend mit den Meßwerten überein. Bei $\lambda = 1$ zum Beispiel ist die berechnete Temperatur um 50 grd, entsprechend 1,5%, niedriger als die gemessene Temperatur. Bei Annahme einer eingefrorenen Strömung liefert die Rechnung hingegen zu niedrige Temperaturen, wie auf Grund der Ausführungen auf S. 47 erwartet werden konnte.

4. Expansionsendtemperaturen in Abhängigkeit vom Oxydationsverhältnis und Brennkammerdruck

Die mit Hilfe der Na-Linie bei 5890 Å gemessenen Expansionsendtemperaturen sind in Abb. 46 für einen Brennkammerdruck von 8 kp/cm^2 in Abhängigkeit vom Oxydationsverhältnis gezeigt. Zum Vergleich sind die theoretischen Werte eingetragen, die sich für eine isentrope und für eine polytrope Zustandsänderung jeweils für chemisches und eingefrorenes Gleichgewicht bei Expansion bis zum Düsenende ergeben. Das in der Düse theoretisch umgesetzte Druckverhältnis ist unterschiedlich, je nachdem welche Expansionshypothese gewählt wird. Für die den vorliegenden Untersuchungen zugrunde gelegten Düsenabmessungen (Durchmesser des engsten Querschnittes 10 mm, Durchmesser des Endquerschnittes 13,2 mm, Gesamtlänge 70,5 mm) ergibt sich bei Annahme isentroper Expansion ein Druckverhältnis von 1 : 6,9 für eingefrorenes Gleichgewicht und von 1 : 5,97 für chemisches Gleichgewicht. Bei Berücksichtigung der Kühlung von Brennkammer ($L^* = 18$ m) und Düse erhält man einen Wert von 1 : 6,72 bei Voraussetzung von chemischem Gleichgewicht in der Brennkammer und von eingefrorenem Gleichgewicht in der Düse sowie einen Wert von 1 : 5,92 für chemisches Gleichgewicht in Brennkammer *und* Düse.

Die gemessenen Expansionsendtemperaturen liegen erwartungsgemäß zwischen den theoretischen Grenzfällen des chemischen und eingefrorenen Gleichgewichts. Vergleicht man die Meßwerte mit den für isentrope Expansion berechneten Temperaturen, so liegen diese etwa in der Mitte zwischen den Grenzfällen des chemischen und eingefrorenen Gleichgewichts. Wählt man jedoch die unter Berücksichtigung der Kühlung berechneten Werte als Vergleichsbasis, so liegen die gemessenen Temperaturen wesentlich näher an den für chemisches Gleichgewicht berechneten Temperaturen, entsprechend dem Unterschied von ca. 150 grd, der sich für chemisches Gleichgewicht zwischen beiden Expansionshypothesen ergibt. Für kleine Düsen, bei denen der Einfluß der abgeführten Wärmemenge auf die Zustandsänderung des Gases nicht ohne weiteres vernachlässigt werden kann, dürfte die unter Berücksichtigung der Kühlung berechnete Temperatur daher eine bessere Bezugsbasis für die Meßergebnisse darstellen als die für isentrope Expansion sich ergebenden Rechenwerte.

Zum Vergleich sind in Abb. 46 auch die Temperaturen eingetragen, die man für jeweils eingefrorenes Gleichgewicht in Brennkammer *und* Düse erhält. Jedoch ist die Annahme von eingefrorenem Gleichgewicht in der Brennkammer, wie auch durch den Versuch bestätigt wurde, als zu ungünstig anzusehen.

Weiterhin wurde für ein Oxydationsverhältnis von 1 und für chemisches Gleichgewicht die Expansionsendtemperatur berechnet, die sich unter Berücksichtigung der Kühlung und der Reibung in der Düse ergibt. Hierbei wurde wiederum ein konstanter Wirkungsgrad von $\eta_{is} = 0{,}96$ angenommen. Wie bereits erwähnt, hat der Reibungseinfluß keinen großen Einfluß auf das Gesamtergebnis der Rechnung, weil der größte Temperaturabfall infolge Kühlung in der Brennkammer auftritt.

In Abb. 47 sind die für einen kleineren Brennkammerdruck von 6 kp/cm^2 gemessenen Expansionsendtemperaturen den für isentrope Expansion berechneten Werten gegenübergestellt. Vergleicht man diese Meßwerte mit den in Abb. 46 wiedergegebenen Versuchsergebnissen, so zeigt sich eine Verschiebung der gemessenen Expansions-

endtemperaturen in Richtung zum chemischen Gleichgewicht mit größer werdendem Brennkammerdruck. Dies kann im wesentlichen dadurch erklärt werden, daß bei höherem Druck die Konzentrationen der reagierenden Moleküle bzw. Atome größer sind und daher mit einer höheren Rekombinationsrate gerechnet werden kann, weil die Reaktionsgeschwindigkeiten für die Rekombination in erster Linie vom Druck abhängen. Die bekannt gewordenen exakten kinetischen Rechnungen, zum Beispiel von Westenberg und Favin [19], zeigen, daß bei hohem Druck die kinetische Lösung in der Nähe des chemischen Gleichgewichtes liegt, dagegen bei niedrigem Druck in der Nähe des eingefrorenen Gleichgewichtes.
Zusätzlich ist zu berücksichtigen, daß bei größerem Brennkammerdruck der Massendurchsatz größer und die abgeführte Wärmemenge pro Kilogramm Gas kleiner wird. Dieser Einfluß wirkt sich ebenfalls in der Weise aus, daß bei einem größeren Brennkammerdruck höhere Temperaturen am Düsenaustritt erwartet werden können als bei einem kleineren Druck.

5. Temperaturprofilmessungen

Die Temperaturprofile am Düsenaustritt wurden für zwei Düsen mit einem Durchmesser des engsten Querschnittes von 10 und 15 mm durchgeführt, um den Einfluß der Düsengröße auf die Profilausbildung aufzuzeigen. Die Düse mit $d_{\min} = 15$ mm wurde für die gleiche Oberfläche und die gleiche Länge (kürzerer Erweiterungsteil) ausgelegt wie die kleinere Düse mit $d_{\min} = 10$ mm. Der Durchmesser des Austrittsquerschnittes beträgt 18,7 mm und das Auslegungsdruckverhältnis 1 : 4,9 bei Voraussetzung von chemischem Gleichgewicht und 1 : 5,65 bei Voraussetzung von eingefrorenem Gleichgewicht. Die Messungen wurden mit Hilfe der Na-Linie durchgeführt, weil die Intensität der OH-Linien am Expansionsende zu schwach ist, um zuverlässige Messungen durchführen zu können.
In Abb. 48 sind die quer zur Flamme gemessenen Intensitäten der Flammenstrahlung und die gemessenen Intensitäten der Gesamtstrahlung von Flamme und Vergleichslampe am Düsenaustritt für die Düse mit $d_{\min} = 10$ mm wiedergegeben. Zur Ermittlung der Emissions- und Absorptionskoeffizienten wurden, wie in Abschnitt VII, 4 bereits erwähnt, die gemessenen Intensitäten als Polynome neunten Grades abhängig von einer Veränderlichen

$$v = \sqrt{1 - \left(\frac{y}{R}\right)^2}$$

dargestellt, um die erforderlichen Integrationen analytisch durchführen zu können.
Die Abb. 49 zeigt für das gleiche Beispiel die radiale Verteilung der Emissions- und Absorptionskoeffizienten $f_\lambda(r)$ und $K_\lambda(r)$ sowie das Verhältnis dieser beiden Größen, die sich auf Grund der in Abb. 48 dargestellten Meßwerte ergeben.
In Abb. 50 ist die radiale Temperaturverteilung für die Düse mit $d_{\min} = 10$ mm wiedergegeben. Das hier gezeigte Ergebnis stellt einen Mittelwert aus mehreren Versuchen dar, wohingegen die in Abb. 48 und 49 angegebenen Werte einem einzelnen Versuch entsprechen. Man sieht aus der Abbildung, daß das Temperaturprofil sehr deutlich ausgeprägt ist und daß der Kühlungseinfluß mithin nicht nur auf eine schmale Randzone beschränkt bleibt.
Die mittlere Temperatur, die sich nach der Emissions-Absorptionsmethode ergibt und mit T_{EA} gekennzeichnet ist, wurde zum Vergleich in die Abbildung mit eingezeichnet. Diese liegt um etwa 120 grd niedriger als die maximale Temperatur in der Flammen-

achse. Wegen des starken Intensitätsabfalls am Strahlrand ist die Messung in diesem Bereich unsicher. Daher wurde das in Abb. 50 dargestellte Profil bei einer Temperatur von etwa 2200 K abgebrochen.

In Abb. 51 sind die Temperaturprofile (Mittelwerte aus mehreren Messungen) gegenübergestellt, die sich für die kleine Düse mit $d_{min} = 10$ mm und für die große Düse mit $d_{min} = 15$ mm ergeben. Zum Zweck des besseren Vergleichs wurde die Differenz zwischen der örtlichen Temperatur am Düsenende und der mittels der Emissions-Absorptionsmethode gemessenen Temperatur T_{EA}, bezogen auf diese, in Abhängigkeit vom Verhältnis des örtlichen Radius r zum Radius des Austrittsquerschnittes R dargestellt, weil die absoluten Temperaturen T_{EA} für beide Fälle unterschiedlich sind. Diese sind 2575 K für die kleine Düse und 2565 K für die große Düse. Man ersieht aus der Abbildung, daß bei der kleinen Düse das Temperaturprofil erwartungsgemäß spitzer verläuft als bei der großen Düse.

Weiterhin zeigt die Abbildung, daß die maximale Temperatur in der Düsenachse bei der kleinen Düse um 4,7%, entsprechend 120 grd, von der mittels der Emissions-Absorptionsmethode gemessenen Temperatur T_{EA} abweicht, dagegen bei der großen Düse um nur 3%, entsprechend 76 grd. Dies bedeutet, daß bei der kleineren Düse in den kälteren Randschichten eine relativ größere Absorption erfolgt und daher die mittlere Temperatur T_{EA} längs des optischen Weges in Richtung niedriger Werte verschoben wird.

Auch aus den hier gezeigten Ergebnissen der Temperaturprofilmessung geht hervor, daß bei den gewählten Düsenabmessungen sich der Kühlungseinfluß deutlich bemerkbar macht und nicht nur auf eine schmale Randzone beschränkt bleibt. Eine Vernachlässigung des Wärmeübergangs bei kleinen Düsen, wie sie üblicherweise für Laboratoriumsuntersuchungen verwendet werden, ist daher unter Umständen nicht gerechtfertigt.

X. Zusammenfassung

In der vorliegenden Arbeit wurden theoretische und experimentelle Untersuchungen über die Reaktionsvorgänge in Modellbrennkammern und Schubdüsen bei der Verbrennung von Kohlenwasserstoffen mit Sauerstoff unter Einbeziehung des Einflusses des Wärmeübergangs durch Strahlung und Konvektion auf die Zustandsänderung des Gases durchgeführt.

Weiterhin wurde die Temperaturmessung, die mittels der spektralen Emissions-Absorptionsmethode erfolgte, dadurch auf eine zuverlässigere Basis gestellt, daß gleichzeitig zwei voneinander verschiedene Verfahren verwendet wurden. Hierfür wurden die Natrium-Linie bei 5890 Å und der OH-Bandenkopf bei 3064 Å herangezogen. Ein Vergleich der nach beiden Methoden gemessenen Verbrennungsendtemperaturen führte zu dem Ergebnis, daß diese bei der gewählten Brennkammerausführung mit hinreichender Genauigkeit übereinstimmen und daher annähernd thermisches Gleichgewicht am Brennkammerende angenommen werden kann.

Da infolge einer ungleichmäßigen Temperaturverteilung in der Flamme mit Absorptionsvorgängen innerhalb der kälteren Flammenschichten gerechnet werden muß, worüber bisher nur wenige und unvollständige Untersuchungen bekanntgeworden sind, wurde die radiale Verteilung der Temperatur am Austritt aus der Düse für zwei Düsen unterschiedlicher Größe gemessen, um eine Aussage darüber zu gewinnen, wie sich der mit der oben genannten Methode ergebende Mittelwert für die Temperatur zum Profil verhält. Hierbei zeigt sich, daß dieser Mittelwert bei den für die vorliegenden Größenverhältnisse und Versuchsbedingungen gemessenen Profilen um etwa 120 grd bei der kleineren Düse und um etwa 75 grd bei der größeren Düse niedriger ist als die in der Flammenachse auftretende maximale Temperatur.

Der Wärmeübergang in der Brennkammer und Düse wurde mit Hilfe einer aus Versuchen an Raketentriebwerken von GREENFIELD aufgestellten Nußeltschen Potenzgleichung ermittelt und die Wärmeübertragung durch Strahlung mittels eines von BARRÈRE angegebenen Verfahrens, das allerdings nur die Strahlung von H_2O und CO_2 berücksichtigt. Das Ergebnis der Rechnung zeigt, daß bei den gewählten Brennkammer- und Düsenabmessungen und den vorgegebenen Gaszuständen von der in der Brennkammer übertragenen Wärmemenge ca. 46% auf die Gasstrahlung entfallen. In der Düse überwiegt jedoch der konvektive Wärmeübergang so stark, daß die Gasstrahlung vernachlässigt werden kann.

Die Wärmeübergangszahlen für Konvektion wurden ausgehend von den Gasdaten berechnet, die man bei Annahme einer isentropen Zustandsänderung und eindimensionaler Strömung erhält. Zur Überprüfung der Brauchbarkeit dieser Annahme wurden daher Druckverlaufsmessungen längs der Düsenkontur durchgeführt. Im Erweiterungsteil der Düse liegen die beim Auslegungsdruckverhältnis gemessenen Werte zwischen den für chemisches und eingefrorenes Gleichgewicht berechneten Druckverläufen. Größere Unterschiede zwischen Rechnung und Versuch ergeben sich lediglich im Bereich des engsten Querschnittes der Düse. Eine Korrektur des eindimensional berechneten Druckverlaufes im Bereich des engsten Querschnittes durch Bestimmung der Lage der Schallinie und der Grenzmachlinie für rotationssymmetrische Düsen führte zu einer wesentlich besseren Übereinstimmung mit den Versuchswerten.

Da der Einfluß des Wärmeübergangs in der Brennkammer und Düse auf die Zustandsänderung des Gases bisher nicht oder nur überschlägig untersucht worden ist, wurden die Expansionshypothesen für chemisches und eingefrorenes Gleichgewicht bei Voraussetzung einer isentropen Zustandsänderung, ausgehend von der adiabaten Verbrennungstemperatur, ergänzt durch die Expansionshypothesen für chemisches und eingefrorenes Gleichgewicht unter Berücksichtigung des Einflusses der Kühlung auf die Zustandsänderung des Gases in der Brennkammer und Düse. Es wurde also eine polytrope Zustandsänderung in der Düse angenommen, wobei der Polytropenexponent iterativ mit Hilfe einer Wärmebilanz für das jeweils betrachtete Düsensegment bestimmt wurde.

Die Reibung in der Düse wurde bei der Rechnung nicht berücksichtigt. Für ein Beispiel wurde die Größe des Reibungseinflusses berechnet. Hierbei ergab sich eine Erhöhung der Expansionsendtemperatur von ca. 10 grd.

Die Rechnung wurde für verschiedene Düsen- und Brennkammerausführungen sowie für verschiedene Drücke und Oxydationsverhältnisse durchgeführt. Die Unterschiede in der Gaszusammensetzung und Gastemperatur am Düsenaustritt, die sich bei Berücksichtigung der Kühlung im Vergleich zu einer isentropen Expansion ergeben, sind teilweise recht erheblich. Für die Reaktion Methan und Sauerstoff ergeben sich zum Beispiel bei einem Oxydationsverhältnis von 1, einem Brennkammerdruck von 8 kp/cm^2 und einem Druckverhältnis von 1 : 100 folgende Unterschiede: Im Vergleich zu der Annahme isentroper Zustandsänderung im chemischen Gleichgewicht, ausgehend von der adiabaten Verbrennungsendtemperatur, erhält man am Düsenaustritt für die H_2O- und CO_2-Konzentrationen um 48 bzw. 130% höhere Werte. Die Gastemperatur ist

um 280 grd niedriger und die Geschwindigkeit bzw. der spezifische Impuls um 5% niedriger als bei isentroper Expansion.
Es erscheint daher unter Umständen zweckmäßig, als theoretische Vergleichsbasis für die an kleinen Düsen erzielten Versuchsergebnisse die unter Berücksichtigung der Kühlung berechnete Zustandsänderung zu wählen, weil bei kleinen Düsen, wie sie üblicherweise im Laboratoriumsversuch verwendet werden, im Gegensatz zu Großraketendüsen der Einfluß des Wärmeüberganges nicht nur auf eine schmale Randzone beschränkt bleibt, sondern auch die Kernströmung beeinflussen kann.
Ein Vergleich der gemessenen abgeführten Wärmemengen in der Brennkammer und Düse mit den Ergebnissen der Wärmeübergangsrechnungen sowie ein Vergleich der für einige Beispiele unter Berücksichtigung des Wärmeübergangs berechneten Gastemperaturen mit gemessenen Werten führt zu dem Ergebnis, daß die Übereinstimmung zwischen Rechnung und Versuch als durchaus zufriedenstellend angesehen werden kann.
Die an zwei Brennkammerausführungen durchgeführten Temperaturmessungen zeigen, daß das Ausmaß der Reaktionszone vom Oxydationsverhältnis abhängig ist und daß bei einer zu kurzen Brennkammer die Verbrennungsreaktionen bei Sauerstoffmangel sich bis in den Düseneinlauf erstrecken. Daher wird die Temperatur in diesem Gebiet infolge abnormaler Anregungszustände der OH-Moleküle zu hoch gemessen, das heißt diese liegt oberhalb der adiabaten Verbrennungstemperatur.
Die Ergebnisse der Temperaturmessungen am Düsenende zeigen erwartungsgemäß, daß die gemessenen Expansionsendtemperaturen zwischen den Grenzfällen für chemisches und eingefrorenes Gleichgewicht liegen. Wählt man die unter Berücksichtigung der Kühlung berechneten Expansionsendtemperaturen als Vergleichsbasis für die Versuchsergebnisse, so liegen diese wesentlich näher am chemischen Gleichgewicht als bei einem Vergleich mit den für isentrope Expansion berechneten Werten. Man erhält somit eine unterschiedliche Aussage über das Ausmaß der Rekombination auf Grund der Temperaturmessungen je nachdem, welche Expansionshypothese zum Vergleich herangezogen wird.
Bei größer werdendem Brennkammerdruck und gleichem Gegendruck verschieben sich die gemessenen Austrittstemperaturen in Richtung zum chemischen Gleichgewicht. Dies dürfte im wesentlichen darauf zurückzuführen sein, daß wegen des höheren Druckes die Konzentrationen der reagierenden Moleküle bzw. Atome größer sind und daher ein größerer Teil der dissoziierten Moleküle rekombiniert. Gleichzeitig wird auch die abgeführte Wärmemenge pro Kilogramm Gas und damit der Kühlungseinfluß kleiner.

XI. Literaturverzeichnis

[1] Schmidt, F. A. F., Zustandsgrößen der Gase im Dissoziationsgebiet. Forsch. Ing. Wesen, Bd. 5, Nr. 2, 1934, S. 60.

[2] Schmidt, F. A. F., Verbrennungskraftmaschinen. 4. Auflage, Springer Verlag, Berlin 1967.

[3] Schmidt, F. A. F., Energieumwandlung im Hochtemperaturgebiet bei Hochleistungstriebwerken und Raketen. Arbeitsgemeinschaft für Forschung, Heft 151, 1965.

[4] Schmidt, F. A. F., und H. Heitland, Möglichkeiten zur Steigerung der Energieumsetzung durch pulsierende Verbrennung. Forsch. Ing. Wesen, Bd. 31, 1965, S. 108 bis 114 und 156–167.

[5] Heitland, H., Dissoziations- und Rekombinationsvorgänge bei zeitlich stark veränderlichen Zustandsgrößen. Hab.-Schrift TH Aachen, 1963.

[6] Stumpf, O., Theoretische und experimentelle Grundlagen der Hochtemperaturverbrennung und der Reaktionsvorgänge in Schubdüsen. Dissertation TH Aachen, 1962.

[7] Prehn, H., Untersuchung der Reaktionsvorgänge und des Selbstzündungsverhaltens von Kohlenwasserstoff-Luft- und Sauerstoff-Gemischen in Temperaturbereichen oberhalb 1000° K. Dissertation TH Aachen, 1966.

[8] Schulz, H., Theoretische und experimentelle Untersuchungen von Zündungs-, Verbrennungs- und Expansionsvorgängen hypergoler flüssiger Treibstoffkombinationen bei Gastemperaturen bis 3000° K. Dissertation TH Aachen, 1967.

[9] Dettmering, W., Forschungsarbeiten an luftansaugenden Strahltriebwerken. Jahrbuch 1965 des Landesamtes für Forschung des Landes Nordrhein-Westfalen, Westdeutscher Verlag Köln und Opladen, S. 113–190.

[10] Dettmering, W., Luftansaugende Strahltriebwerke und ihre Entwicklungsrichtungen. Flugwelt Bd. 17, Nr. 6, 1965, S. 504–510.

[11] Quick, A. W., Antriebsprobleme der Luft- und Raumfahrt. Flugwelt Bd. 12, Nr. 12, 1960, S. 441–448.

[12] Münzberg, H. G., Antriebe in der Flugtechnik. Z.-Flugwiss. 16, Nr. 9, 1968, S. 309–333.

[13] Penner, S. S., Chemistry Problems in Jet Propulsion. Pergamon Press, New York 1957.

[14] Penner, S. S., Advanced Propulsion Techniques. Pergamon Press, New York 1961.

[15] Barrère, M., A. Jaumotte, B. F. de Veubeke und J. Vandenkerckhove, Raketenantriebe. Elsevier Publishing Comp., Amsterdam 1961.

[16] Eschenroeder, A. Qu., D. W. Boyer und J. G. Hall, Exact Solutions for Nonequilibrium Expansions of Air with Coupled Chemical Reactions. Rep. No. AF 49 (638) to 892, Cornell Aeronautical Laboratory Inc., Buffalo 1961.

[17] Hall, J. G., A. Q. Eschenroeder und J. J. Klein, Chemical Nonequilibrium Effects on Hydrogen Rocket Impulse at Low Pressures. ARS-Journal, Nr. 2, 1960, S. 188–190.

[18] Eschenroeder, A. Q., und J. A. Lordi, Catalysis of Recombination in Nonequilibrium Nozzle Flows. Ninth Symposium on Combustion, The Combustion Institute, Pittsburgh 1963, S. 241–256.

[19] Westenberg, A. A., und S. Favin, Complex Chemical Kinetics in Supersonic Nozzle Flow. Ninth Symposium on Combustion, The Combustion Institute, Pittsburgh 1963, S. 785–798.

[20] Sarli, V. J., W. G. Burwell und T. F. Zupnik, Investigation of Nonequilibrium Flow Effects in High Expansion Ratio Nozzles. NASA CR-54221, 1965.

[21] Burwell, W. G., V. J. Sarli und T. F. Zupnik, Applicability of Sudden-Freezing Criteria in Analysis of Chemically Complex Rocket Nozzle Expansions AGARD CP No. 12. Recent Advances in Aerothermochemistry, Vol. 2, 1967, S. 701–759.

[22] Sarli, V. J., A. W. Blackman und R. F. Buswell, Kinetics of Hydrogen-Air Flow Systems. Calculations of Nozzle Flows for Ramjets. Ninth Symposium on Combustion, The Combustion Institute, Pittsburgh 1963, S. 231–240.

[23] Lordi, J. A., Comparison of Exact and Approximate Solutions for Nonequilibrium Nozzle Flows. ARS-Journal, Vol. 32, 1962, S. 1285.
[24] Bray, K. N. C., Atomic Recombination in a hypersonic wind-tunnel nozzle. Fluid Mech. 6, Nr. 1, 1959, S. 1–32.
[25] Bray, K. N. C., Chemical Reactions in Supersonic Nozzle Flows. Ninth Symposium on Combustion, The Combustion Institute, Pittsburgh 1963, S. 770–784.
[26] Penner, S. S., J. Porter und R. Kushida, Rate and Radiative Transfer Processes During Flow in de Laval Nozzles. Ninth Symposium on Combustion, The Combustion Institute, Pittsburgh 1963, S. 748–759.
[27] Lezberg, E. A., und L. C. Franziscus, Effects of Exhaust Nozzle Recombination on Hypersonic Ramjet Performance. AIAA-Journal, Vol. 1, Nr. 9, 1963, S. 2071–2083.
[28] Bragg, S. L., Expansion of Liquid-Oxygen RP-1 Combustion Products in a Rocket Nozzle. ARS-Journal, Nr. 9, 1960, S. 810/911.
[29] Musgrove, P. J., und J. P. Appleton, On molecular vibrational relaxation in the flow of a chemically reacting gas. University of Southampton, Rep. AASU 183, 1961.
[30] Morris, J. F., Physico-Chemical Reactions During Nozzle Flow. The Chemistry of Propellants. Ed. S. S. Penner and J. Ducarme, Pergamon Press 1960, S. 410–490.
[31] Benson, S. W., Energy Transfer Processes And Chemical Kinetics At High Temperatures. Ninth Symposium on Combustion, The Combustion Institute, Pittsburgh 1963, S. 760 to 769.
[32] Rush, D. G., und H. O. Pritchard, Vibrational Disequilibrium in Chemical Reactions. Eleventh Symposium on Combustion, The Combustion Institute, Pittsburgh 1967, S. 13–22.
[33] Bray, K. N. C., und N. H. Pratt, Conditions For Significant Gasdynamically Induced Vibration–Recombination Coupling. Eleventh Symposium on Combustion, The Combustion Institute, Pittsburgh 1967, S. 23–36.
[34] Tirumalesa, D., Nozzle Flows with Coupled Vibrationel and Dissociational Nonequilibrium. AIAA-Journal, Nr. 5, Nr. 2, 1967, S. 254–260.
[35] Wegener, P. P., Experiments on the Departure from Chemical Equilibrium in a Supersonic Flow. ARS-Journal, Nr. 4, 1960, S. 322–329.
[36] Hoglund, R., D. Carlson und S. Byron, Experiments on Recombination Effects in Rocket Nozzles. AIAA-Journal, Vol. 1, Nr. 4, 1963, S. 324–329.
[37] Russo, A. L., J. G. Hall und J. A. Lordi, Experimental studies of chemical nonequilibrium in hydrogen nozzle flows. Cornell Aeronautical Lab., Rept. AD-1689-A-4, 1964.
[38] Duffy, R. E., Experimental Study of Nonequilibrium Expanding Flows. AIAA-Journal, Vol. 3, Nr. 2, 1965, S. 237–244.
[39] Kuby, W. C., Experiments on Hydrogen Recombination in Nozzle Flows for the H_2/F_2 System. AIAA-Journal, Vol. 4, Nr. 1, 1966, S. 160–163.
[40] Just, Th., und H. Pippert, Messungen von Relaxationseffekten in Düsenströmungen heißer Verbrennungsgase mittels einer Stoßrohranordnung. DVLR-Bericht, FB 60-01, 1966.
[41] Zonars, D., Nonequilibrium Require of Airflows in Contoured Nozzles, Theory and Experiment. AIAA-Journal, Vol. 5, Nr. 1, 1967, S. 57–63.
[42] Hill, F. K., H. J. Unger und W. P. Dickens, Spectroscopic Measurements of Combustion Gas Composition in Supersonic Flow. AIAA-Journal, Vol. 5, Nr. 5, 1967, S. 873–881.
[43] Kühl, H., Dissoziation von Verbrennungsgasen und ihr Einfluß auf den Wirkungsgrad von Vergasermaschinen. VDI-Forschungsheft Nr. 373, 1935.
[44] Damköhler, G., Zusammensetzung dissoziierender Verbrennungsgase und die Berechnung simultaner Gleichgewichte. Z. f. Elektrochem., Bd. 49, 1943, S. 178.
[45] Lutz, O., Enthalpien, Entropien und Gleichgewichtskonstanten von Verbrennungsgasen. Ing. Arch., Bd. 16, 1948.
[46] Huff, V. N., S. Gordon und V. E. Morell, General Method and Thermodynamic Tables for Computation of Equilibrium Composition and Temperature of Chemical Reactions. NACA-Report 1037, 1951.

[47] HIMPAN, J., The Calculation of the Volume of Rocket Combustion Chambers. Aircraft Engineering 22, Nr. 257, 1950, S. 191–193.
[48] LUTZ, O., und W. BUSCHULTE, Thermogasdynamische Vorgänge in zylindrischen Raketenbrennkammern. DFL-Bericht Nr. 157, Braunschweig 1962.
[49] SCHELLER, K., und A. BIERLEIN, Some experiments on flow separation in rocket nozzles. ARS-Journal 23, 1953, S. 28–32.
[50] MIGDAL, D., und F. LANDIS, Characteristics of conical supersonic nozzles. ARS-Journal 32, 1962, S. 1898–1901.
[51] BACK, L. H., P. F. MASSIER und H. L. GIER, Comparison of Measured and Predicted Flows through Conical Supersonic Nozzles, with Emphasis on the Transonic Region. AIAA-Journal, Vol. 3, Nr. 9, 1965, S. 1606–1614.
[52] OSWATITSCH, K., und W. ROTHSTEIN, Flow pattern in a converging–diverging nozzle. NACA TM-1215, 1949.
[53] SAUER, R., Einführung in die theoretische Gasdynamik. Springer Verlag, Berlin 1960.
[54] RIESTER, E., und H. HARDEGEN, Der Verlauf der Grenzmachlinie im engsten Querschnitt ebener und rotationssymmetrischer Lavaldüsen. DFL-Bericht Nr. 219, Braunschweig 1963.
[55] GREENFIELD, ST., Determination of Rocket–Motor Heat Transfer Coefficients by the Transient Method. Journal of the Aeronautical Sciences 18, Nr. 8, 1951, S. 512–518.
[56] LONG, W. S., The Determination of the Coefficient of Heat Transfer to a Rocket – Motor Nozzle by a Transient Method. RAE Technical Note, RPD 76 und RPD 114, 1953.
[57] ZIEBLAND, H., Heat Transfer Problems in Rocket-Motors. Journal British Interplanetary Society Nr. 14, 1955, S. 248–264.
[58] FORTINI, A., und R. C. EHLERS, Comparison of experimental to predicted heat transfer in a bell-shaped nozzle with upstream flow disturbances. NASA-TN D-1743, 1963.
[59] ELLIOTT, D. G., D. R. BARTZ und S. SILVER, Calculation of turbulent boundary – layer growth and heat transfer in axi-symmetric nozzles. Jet Propulsion Lab., Pasadena TR 32-387, 1963.
[60] WITTE, A. B., und E. Y. HARPER, Experimental investigation of heat transfer rates in rocket thrust chambers. AIAA-Journal, Nr. 1, 1963, S. 443–451.
[61] BACK, L. H., P. F. MASSIER und H. L. GIER, Convective heat transfer in a convergent–divergent nozzle. Intern. J. Heat Mass Transfer, Vol. 7, 1964, S. 549–568.
[62] BARTZ, D. R., An approximate solution of compressible turbulent boundary layer development and convective heat transfer in convergent–divergent nozzles. Trans. ASME 77, 1955, S. 1235–1245.
[63] BARTZ, D. R., A Simple Equation for Rapid Estimation of Rocket Nozzles Convective Heat Transfer Coefficients. Jet Propulsion, Nr. 1, 1957, S. 49–51.
[64] SEBAN, R. A., und H. W. CHAN, Heat transfer to boundary layers with pressure gradients. University of California, Inst. Eng. Res., Series 41, Nr. 16, 1957.
[65] NAUMANN, A., Druckverlust in Rohren nichtkreisförmigen Querschnittes bei hohen Geschwindigkeiten. Allg. Wärmetechnik, Bd. 7, Nr. 2, 1956, S. 32–41.
[66] LINKE, W., Zum Wärmeübergang bei der Verdampfung von Flüssigkeitsfilmen. Kältetechnik, Bd. 5, Nr. 10, 1953, S. 275–279.
[67] STEPHAN, K., Mechanismus und Modellgesetz bei der Blasenverdampfung. Chem.-Ing.-Techn. 35, Nr. 11, 1963, S. 775–784.
[68] ECKERT, E. R. G., Einführung in den Wärme- und Stoffaustausch. 3. Auflage, Springer Verlag, Berlin 1966.
[69] SCHLICHTING, H., Grenzschichttheorie. 5. Auflage, G. Braun, Karlsruhe 1965.
[70] WALZ, A., Strömungs- und Temperaturgrenzschichten. G. Braun, Karlsruhe 1966.
[71] ROTTA, J. C., Kritische Durchsicht experimenteller Wärmeübergangszahlen und Temperaturverteilungen in turbulenten Grenzschichten bei Über- und Hyperschallströmung. DLR-Bericht 66-51, 1966.
[72] HOFMANN, E., Handbuch der Kältetechnik, Bd. 3, 1959.
[73] FEODOSIEV, V. I., und G. B. SINIAREV, Introduction to Rocket Technology (Übersetzung aus dem Russischen). Academic Press, New York 1959.

[74] HOTTEL, H. C., und A. F. SAROFIM, Radiative Transfer. McGraw-Hill, New York 1967.

[75] SIMMONS, F. S., An Analytical and Experimental Study of Molecular Radiative Transfer in Nonisothermal Gases. Tenth Symposium of Combustion, The Combustion Institute, Pittsburgh 1965, S. 177–184.

[76] EDWARDS, D. K., und W. A. MENARD, Comparison of Models for Correlation of Total Band Absorption. Applied Optics, Vol. 3, 1964, S. 621.

[77] EDWARDS, D. K., L. K. GLASSEN, W. C. HAUSER und J. S. TUCHSCHER, Radiantion Heat Transfer in Nonisothermal Nongray Gases. Trans. ASME, Journal of Heat Transfer, Vol. 89, Nr. 3, 1967, S. 219–229.

[78] TRAUPEL, W., Thermische Turbomaschinen, Bd. 1, Springer Verlag, Berlin 1958.

[79] PENNER, S. S., Optical Methods for the Determination of Flame Temperatures. American Journal of Physics, Vol. 17, 1949, S. 422–429 und 491–500.

[80] PENNER, S. S., Quantitative Molecular Spectroscopy and Gas Emissivities. Addison-Wesley Publishing Co., Reading, Mass./USA 1959.

[81] GAYDON, A. G., und H. G. WOLFHARD, Flames, Their Structure, Radiation and Temperature. Chapman and Hall, London 1960.

[82] TOURIN, R. H., Spectroscopic Gas Temperature Measurement. Elsevier Publishing Co., New York 1966.

[83] DYNE, P. J., und S. S. PENNER, Optical Methods for the Determination of Combustion Temperatures. ARS-Journal, Mai/Juni 1953, S. 165–169.

[84] HEIDMANN, M. F., und R. J. PRIEM, A Modified Sodium-Line Reversal, Technique for the Measurement of Combustion Temperatures in Rocket Engines. ARS-Journal, Juli/August 1953, S. 248–253.

[85] MAVRODINEANU, R., und H. BOITEUX, Flame Spectroscopy. John Wiley & Sons, New York 1965.

[86] SNELLEMAN, W., Error in the Method of Line-Reversal. Combustion & Flame, Vol. 11, Nr. 6, Dez. 1967, S. 453–463.

[87] GAYDON, A. G., The Spectroscopy of Flames. Chapman & Hall, London 1957.

[88] CURCIO, J. A., H. S. STEWART und C. C. PETTY, A Method for the Determination of Flame Temperature from Emission in the Ultraviolet OH Band. Journal of the Optical Soc. of America, Vol. 41, Nr. 3, 1951, S. 173–179.

[89] BROIDA, H. P., und K. E. SHULER, Kinetics of OH Radicals from Flame Emission Spectra, IV, A Study of the Hydrogen–Oxygen Flame. The Journal of Chemical Physics, Vol. 20, Nr. 1, 1952, S. 168–174.

[90] BROIDA, H. P., und D. F. HEATH, Spectroscopic Survey of Energy Distributions of OH, C_2- and CH-Radicals in Low Pressure Acetylen–Oxygen Flames. The Journal of Chemical Physics, Vol. 26, Nr. 2, 1957, S. 223–229.

[91] PENNER, S. S., Quantitative Studies of Apparent Rotational Temperatures of OH in Flames. Journal of Chemical Physics, Vol. 21, 1953, S. 31–41.

[92] DIEKE, G. H., und H. M. CROSSWHITE, The Ultraviolet Bands of OH, Fundamental Data. Journal of Quantitative Spectroscopy and Radiative Transfer, Vol. 2, 1962, S. 97 to 199.

[93] KRAKOW, B., Spectroscopic Temperature Profile Measurements in Inhomogeneous Hot Gases. Applied Optics, Vol. 5, Nr. 2, 1966, S. 201–209.

[94] HÖRMANN, H., Temperaturverteilung und Elektronendichte in frei brennenden Lichtbögen. Z. f. Physik, 1935, S. 539–559.

[95] GRIEM, H., Plasma Spectroscopy. McGraw-Hill Comp., New York 1964.

[96] ELDER, P., T. JERRICK und J. W. BIRKELAND, Determination of the Radial Profile of Absorption and Emission Coefficients and Temperature in Cylindrically Symmetric Sources with Self-Absorption. Applied Optics, Vol. 4, Nr. 5, 1965, S. 589–592.

[97] MAECKER, H., Messung höchster Temperaturen. VDI-Berichte Nr. 112, 1966, S. 23–28.

[98] FREEMAN, M. P., und S. KATZ, Determination of the Radial Distribution of Brightness in a Cylindrical Luminous Medium with Self Absorption. Journal of the Optical Society of America, Vol. 50, Nr. 8, 1960, S. 826–830.

[99] Pearce, J. W., Plasma – Jet Temperature Measurement Optical Spectrometric Measurements of High Temperatures. Ed. P. J. Dickerman, University of Chicago Press, 1961, S. 125–169.

Im Text nicht angeführte Bücher:

[100] Baehr, H. D., Thermodynamik. 2. Auflage, Springer Verlag, Berlin 1966.
[101] Becker, E., Gasdynamik. B. G. Teubner Verlagsgesellschaft, Stuttgart 1966.
[102] Bosnjakovic, Fr., Technische Thermodynamik I/II. 5./4. Auflage, Verlag von Theodor Steinkopff, Dresden und Leipzig 1967, 1965.
[103] Grigull, U., Technische Thermodynamik. Sammlung Göschen, Bd. 1084/1084a, Berlin 1966.
[104] Haase, R., Thermodynamik der irreversiblen Prozesse. Dr. D. Steinkopff Verlag, Darmstadt 1963.
[105] Herzberg, G., Molecular Spectra and Molecular Structure. I. Spectra of Diatomic Molecules. D. van Nostrand Company Inc., Princeton 1950.
[106] Shapiro, A. H., The Dynamics and Thermodynamics of Compressible Fluid Flow, Vol. I/II. The Ronald Press Company, New York 1953/1954.
[107] Ulich, H., und W. Jost, Kurzes Lehrbuch der physikalischen Chemie, 16. Auflage. Dr. Dietrich Steinkopff Verlag, Darmstadt 1966.
[108] Vincenti, W. G., und C. H. Kruger, Introduction to Physical Gas Dynamics. John Wiley & Sons Inc., New York 1965.

Anhang

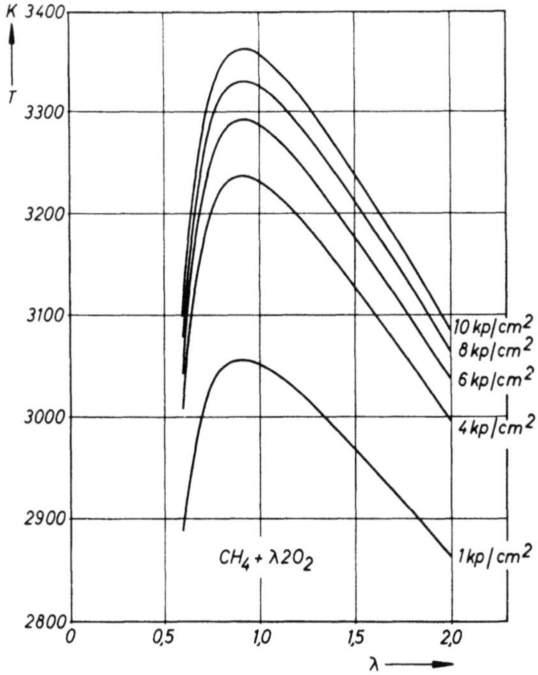

Abb. 1 Adiabate Verbrennungstemperatur in Abhängigkeit vom Oxydationsverhältnis und Brennkammerdruck

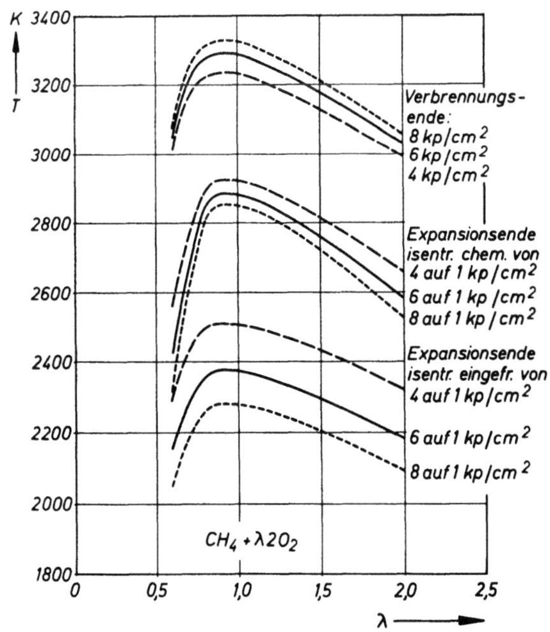

Abb. 2 Adiabate Verbrennungstemperatur und Expansionsendtemperatur für angepaßte Düsen in Abhängigkeit vom Oxydationsverhältnis und Brennkammerdruck $CH_4 + \lambda\, 2\, O_2$

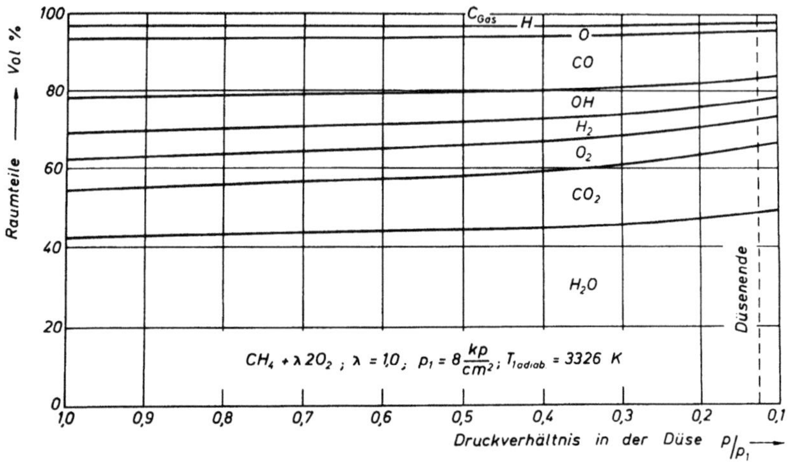

Abb. 3 Gaszusammensetzung bei isentroper Expansion im chemischen Gleichgewicht in Abhängigkeit vom Druckverhältnis in der Düse
$CH_4 + \lambda\, 2\, O_2$ $\lambda = 1$ $p_1 = 8$ kp/cm² $T_{1\,ad} = 3326$ K

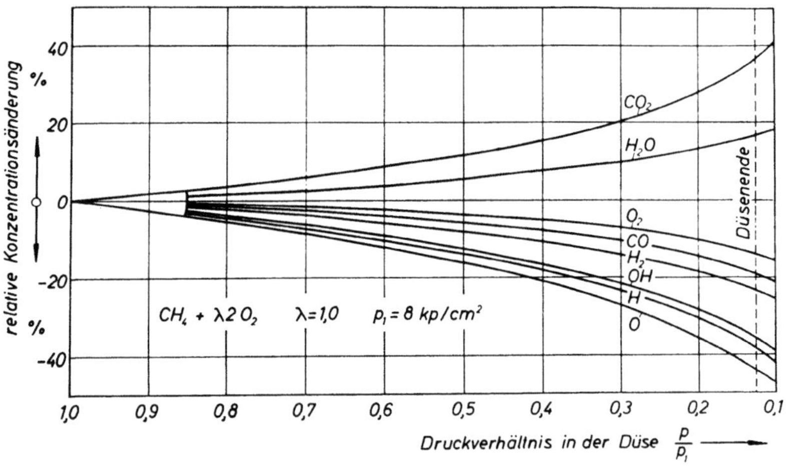

Abb. 4 Relative Konzentrationsänderung bei isentroper Expansion im chemischen Gleichgewicht in Abhängigkeit vom Druckverhältnis in der Düse
$CH_4 + \lambda\, 2\, O_2$ $\lambda = 1$ $p_1 = 8$ kp/cm²

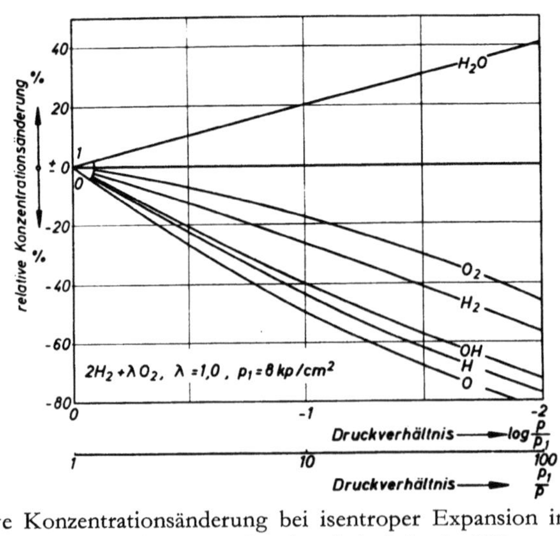

Abb. 5 Relative Konzentrationsänderung bei isentroper Expansion im chemischen Gleichgewicht in Abhängigkeit vom Druckverhältnis in der Düse
$2\, H_2 + \lambda\, O_2$ $\lambda = 1$ $p_1 = 8$ kp/cm²

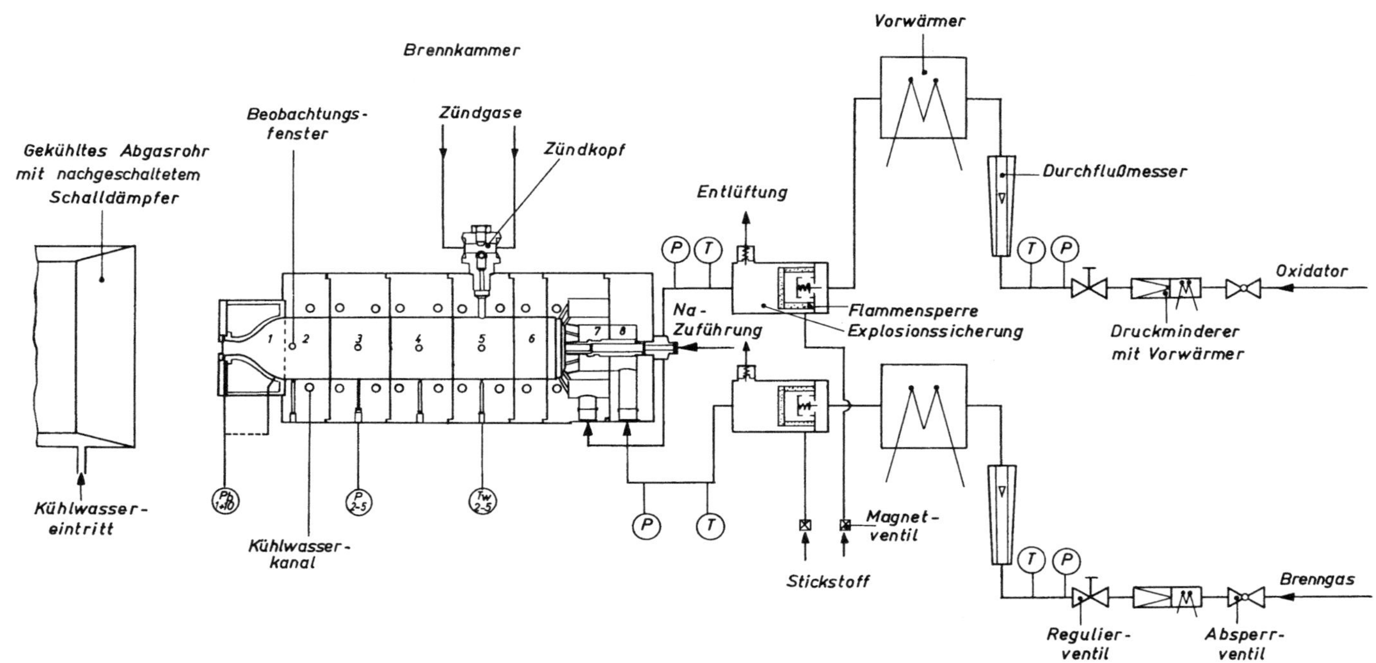

Abb. 6 Vereinfachtes Schaltschema der Hochdruckbrennkammer

Abb. 7 Ansicht des Prüfstandes
(links Ebert-Gitterspektrograph mit Elektronikpult, rechts Fahrpult für Brennkammer)

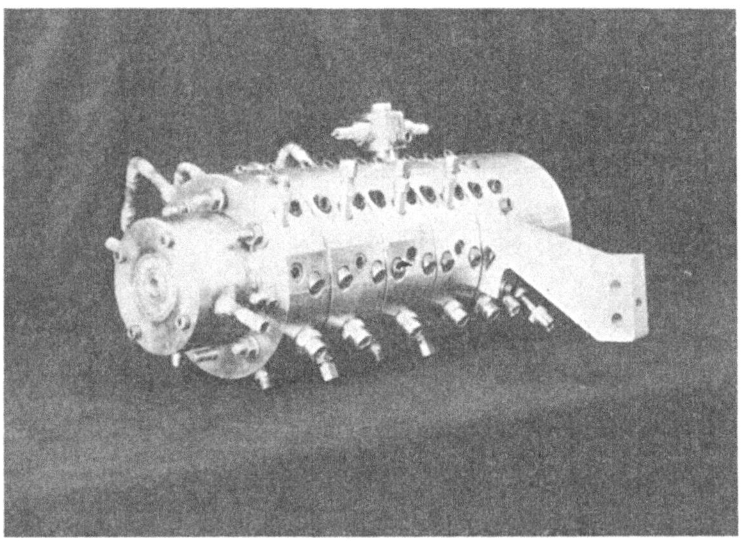

Abb. 8 Ansicht der Brennkammer mit Düse

Abb. 9 Ansicht des Brennkammerprüfstandes

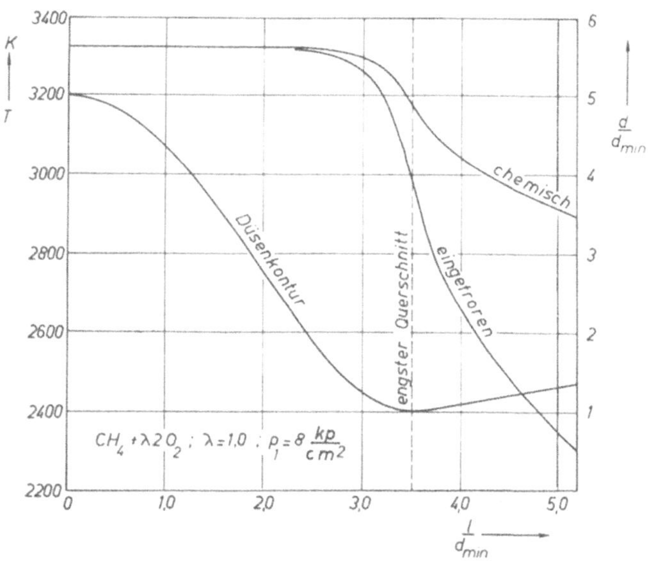

Abb. 10 Temperaturverlauf längs der Achse der Versuchsdüse für chemisches und eingefrorenes Gleichgewicht
$CH_4 + \lambda\, 2\, O_2 \quad \lambda = 1 \quad p_1 = 8\ \text{kp/cm}^2 \quad L^* = 8\ \text{m}$

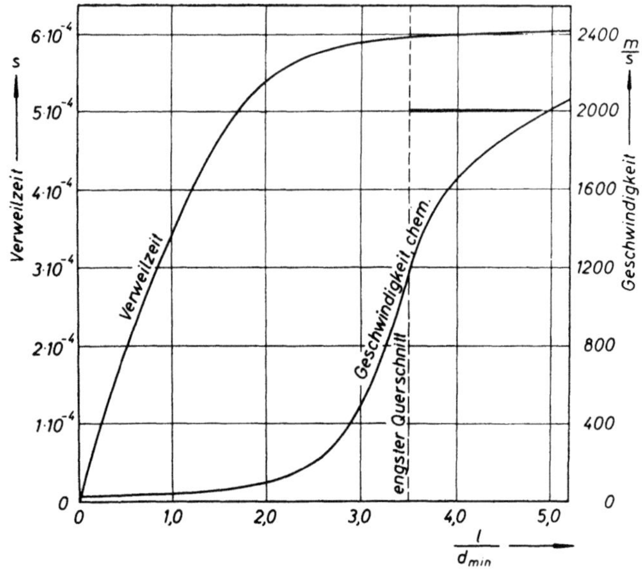

Abb. 11 Verweilzeit und Geschwindigkeit längs der Achse der Versuchsdüse
$CH_4 + \lambda\, 2\, O_2$ $\lambda = 1$ $p_1 = 8$ kp/cm² $L^* = 8$ m

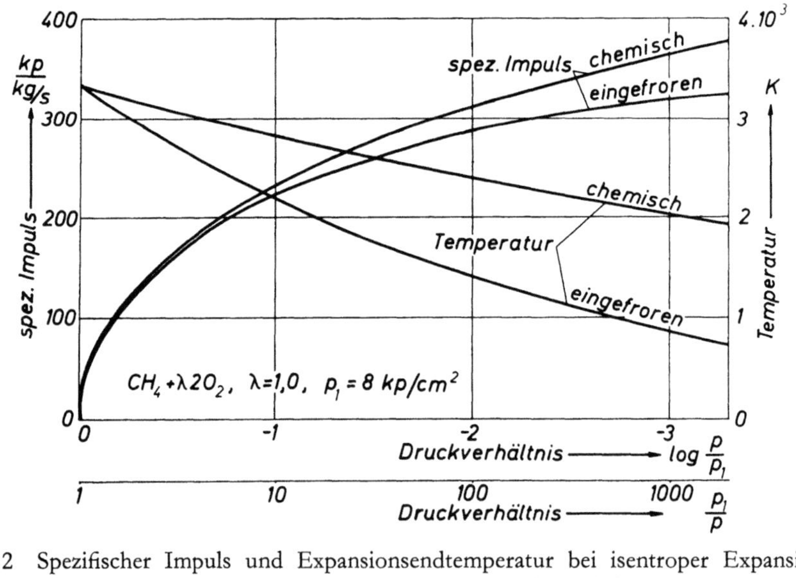

Abb. 12 Spezifischer Impuls und Expansionsendtemperatur bei isentroper Expansion im chemischen und eingefrorenen Gleichgewicht in Abhängigkeit vom Druckverhältnis
$CH_4 + \lambda\, 2\, O_2$ $\lambda = 1$ $p_1 = 8$ kp/cm²

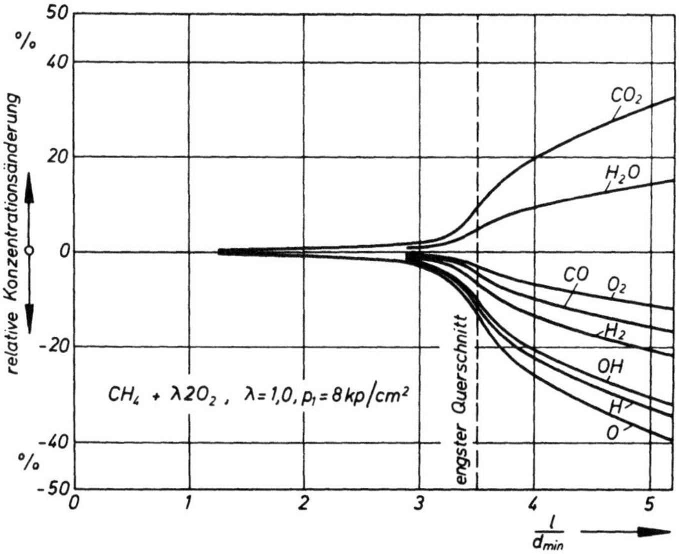

Abb. 13 Relative Konzentrationsänderung bei isentroper Expansion im chemischen Gleichgewicht längs der Düse
$CH_4 + \lambda\, 2\, O_2$ $\lambda = 1$ $p_1 = 8$ kp/cm² $L^* = 8$ m

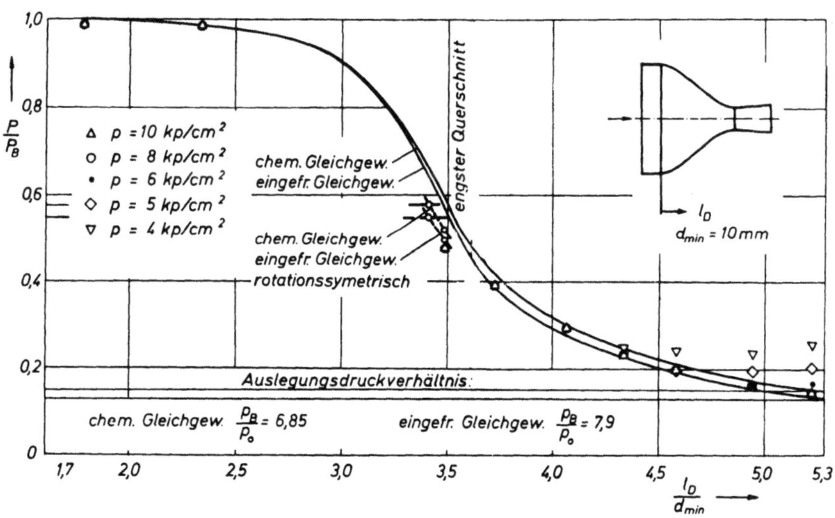

Abb. 14 Vergleich zwischen berechnetem und gemessenem Druckverlauf längs der Düsenachse
$CH_4 + \lambda\, 2\, O_2$ $\lambda = 1$ $L^* = 8$ m

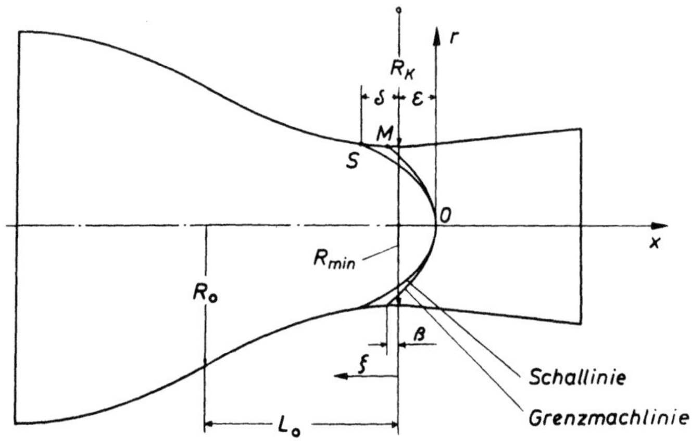

Abb. 15 Schematische Darstellung der Lage der Schallinie und Grenzmachlinie

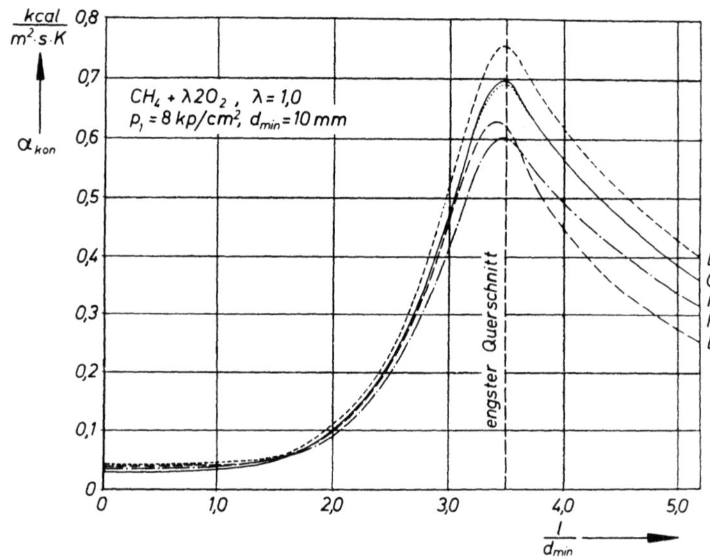

Abb. 16 Vergleich der nach verschiedenen Gesetzen für eingefrorenes Gleichgewicht berechneten Wärmeübergangszahlen längs der Düsenachse
$CH_4 + \lambda\, 2\, O_2$ $\lambda = 1$ $p_1 = 8$ kp/cm² $L^* = 8$ m

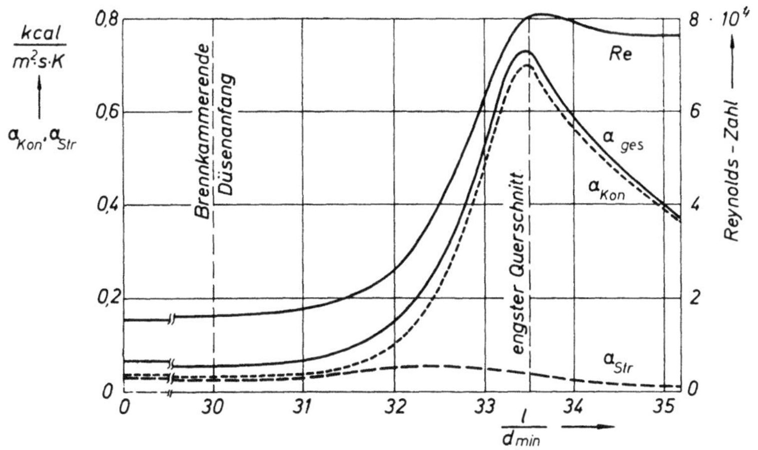

Abb. 17 Verlauf der Wärmeübergangszahl durch Konvektion und Strahlung längs Brennkammer- und Düsenachse bei Expansion im eingefrorenen Gleichgewicht
$CH_4 + \lambda\, 2\, O_2 \quad \lambda = 1 \quad p_1 = 8\ \text{kp/cm}^2 \quad L^* = 8\ \text{m}$

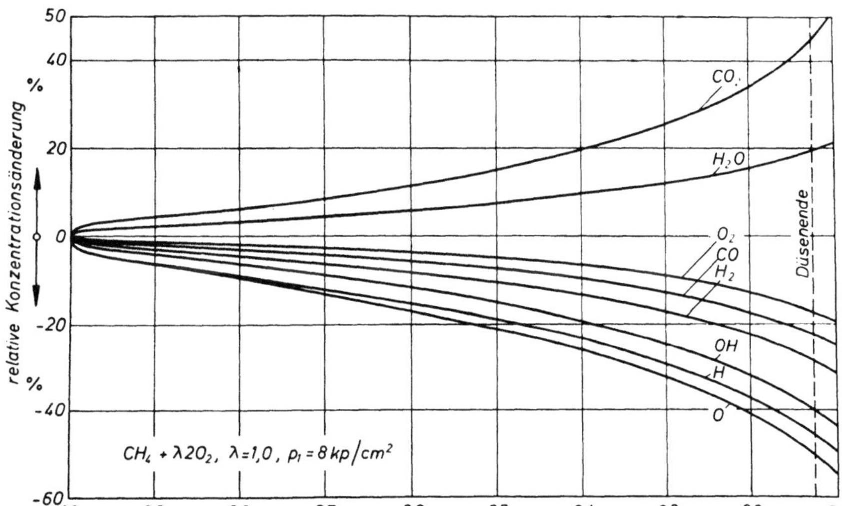

Abb. 18 Relative Konzentrationsänderung bei polytroper Expansion im chemischen Gleichgewicht in Abhängigkeit vom Druckverhältnis
$CH_4 + \lambda\, 2\, O_2 \quad \lambda = 1 \quad p_1 = 8\ \text{kp/cm}^2 \quad L^* = 8\ \text{m}$

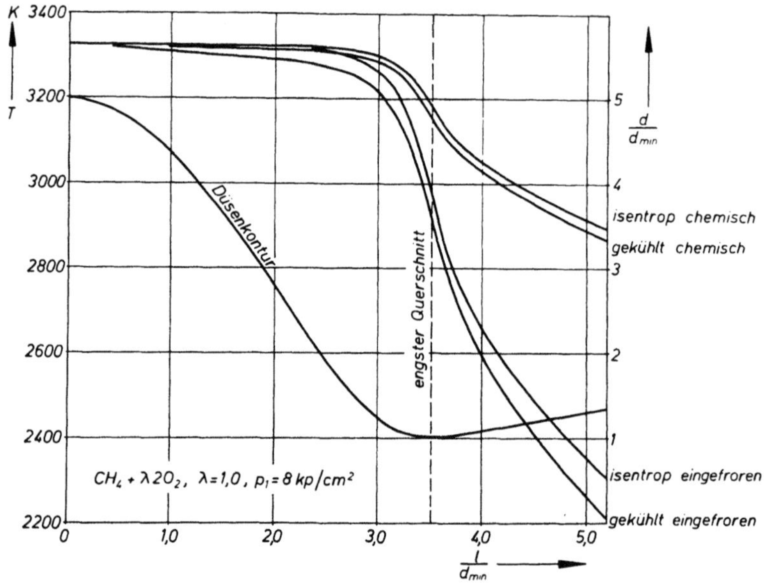

Abb. 19 Temperaturverlauf bei isentroper und polytroper Expansion im chemischen und eingefrorenen Gleichgewicht längs der Düsenachse
$CH_4 + \lambda\, 2\, O_2$ $\lambda = 1$ $p_1 = 8$ kp/cm² $L^* = 8$ m

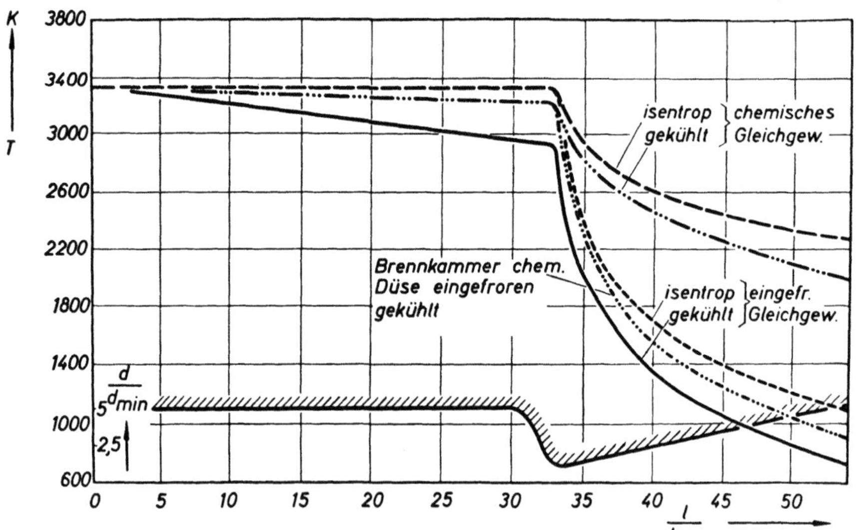

Abb. 20 Temperaturverlauf längs Brennkammer- und Düsenachse bei isentroper und polytroper Expansion im chemischen und eingefrorenen Gleichgewicht
$CH_4 + \lambda\, 2\, O_2$ $\lambda = 1$ $p_1 = 8$ kp/cm² $p_2/p_1 = 1:100$ $L^* = 8$ m

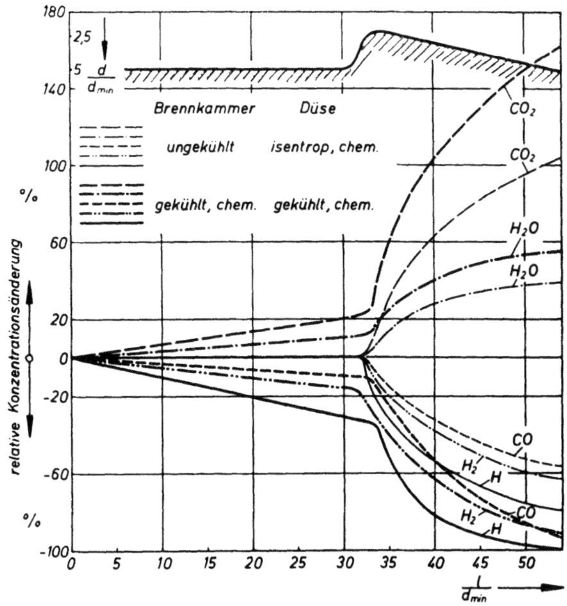

Abb. 21 Relative Konzentrationsänderung längs Brennkammer- und Düsenachse bei isentroper und polytroper Expansion im chemischen Gleichgewicht
$CH_4 + \lambda\, 2\, O_2$ $\lambda = 1$ $p_1 = 8$ kp/cm² $p_2/p_1 = 1:100$ $L^* = 8$ m

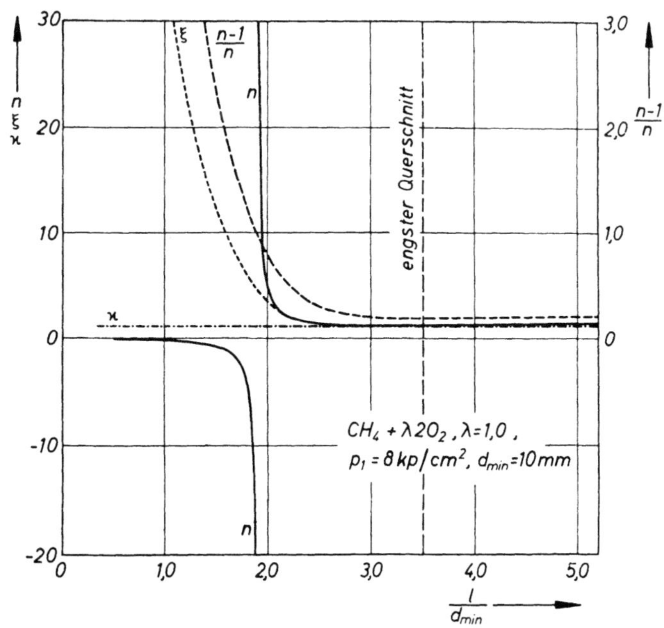

Abb. 22 Verlauf von Polytropenexponent n, Kühlziffer ξ und Isentropenexponent $\varkappa$ längs der Düsenachse bei Expansion im eingefrorenen Gleichgewicht
$CH_4 + \lambda\, 2\, O_2$ $\lambda = 1$ $p_1 = 8$ kp/cm² $L^* = 8$ m

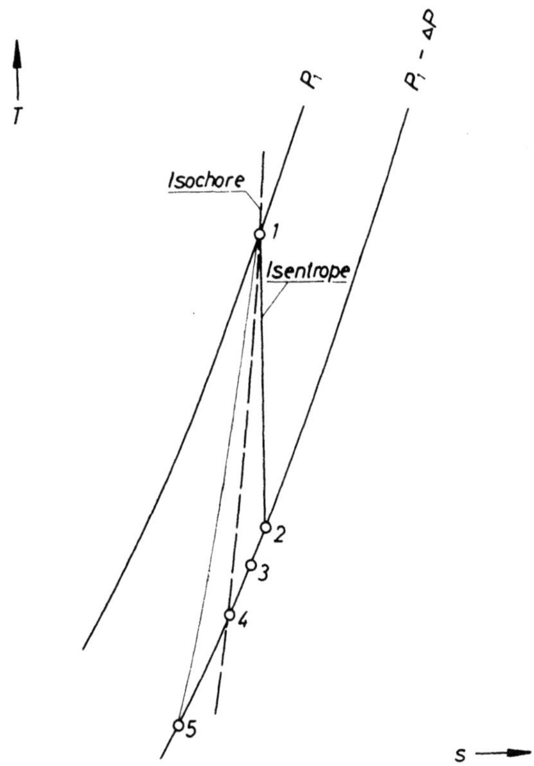

Abb. 23 Schematische Darstellung des Expansionsverlaufes im T–s-Diagramm

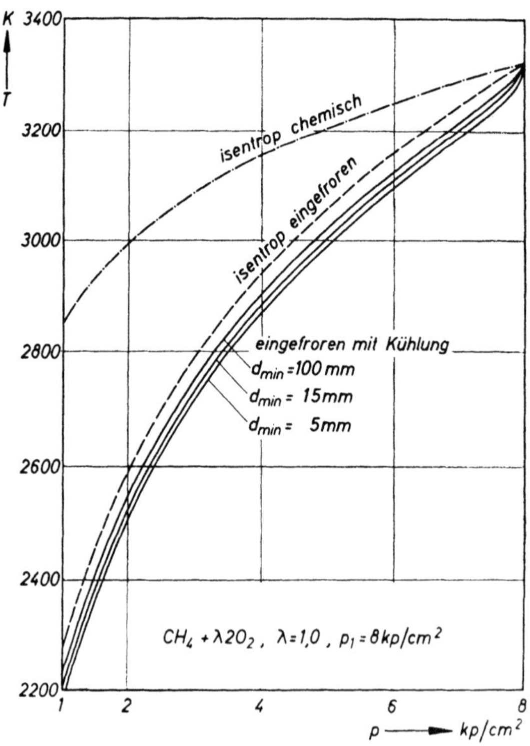

Abb. 24 Temperaturverlauf bei geometrisch ähnlichen Düsen unterschiedlicher Abmessungen bei polytroper Expansion im eingefrorenen Gleichgewicht (ohne Strahlung) $CH_4 + \lambda\, 2\, O_2$ $\lambda = 1$ $p_1 = 8$ kp/cm²

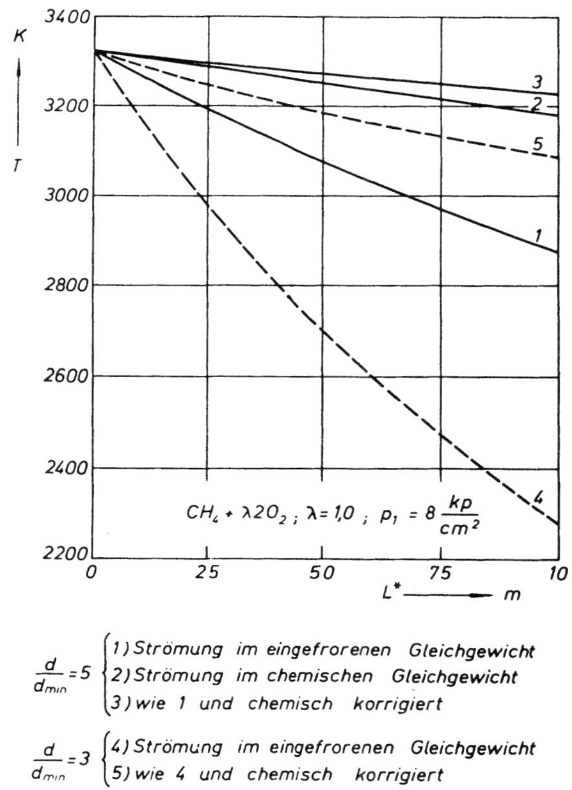

Abb. 25 Temperatur am Brennkammerende unter Berücksichtigung der Kühlung in Abhängigkeit von der charakteristischen Länge
$CH_4 + \lambda\, 2\, O_2 \quad \lambda = 1 \quad p_1 = 8$ kp/cm²

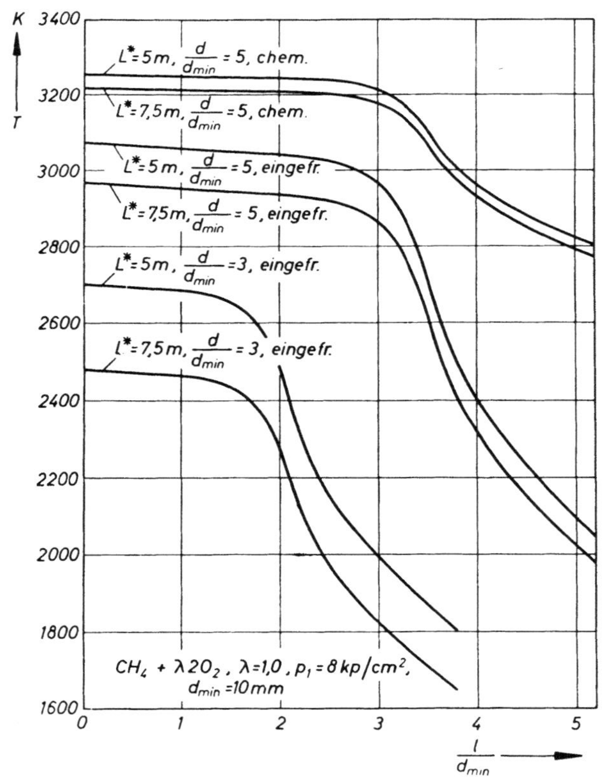

Abb. 26 Temperaturverlauf längs der Düsenachse bei polytroper Expansion für verschiedene Brennkammer- und Düsenabmessungen
$CH_4 + \lambda\, 2\, O_2 \quad \lambda = 1 \quad p_1 = 8$ kp/cm²
$d_{min} = 10$ mm

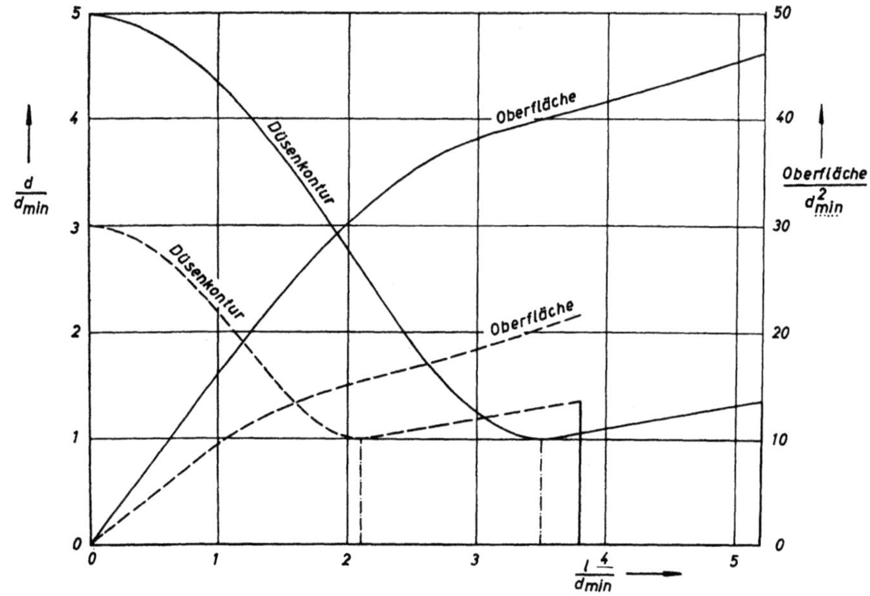

Abb. 27 Vergleich von Düsenkontur und Düsenoberfläche bei gleichem Auslegungsdruckverhältnis und verschiedenem Durchmesserverhältnis

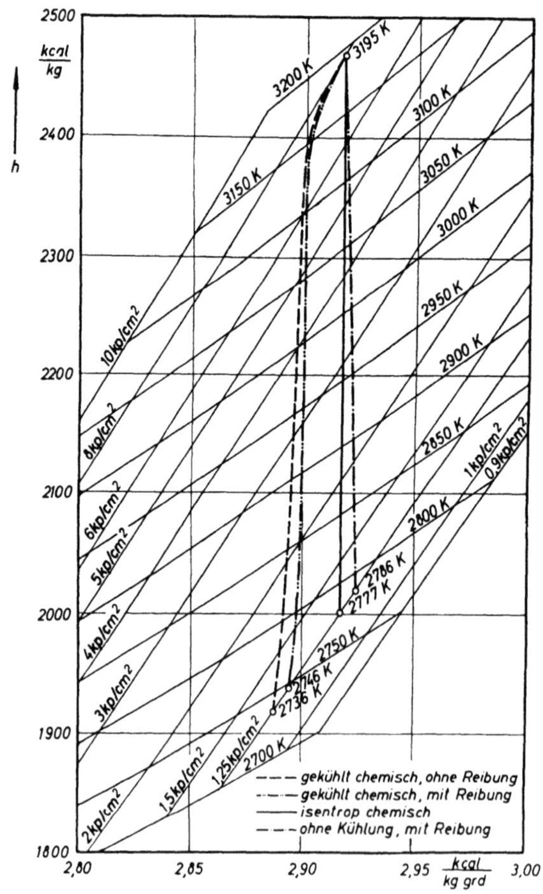

Abb. 28 Berechneter Expansionsverlauf im *h*–*s*-Diagramm unter Berücksichtigung von Kühlung und Reibung
Chemisches Gleichgewicht
$CH_4 + \lambda\, 2\, O_2 \quad \lambda = 1 \quad L^* = 18\ m \quad \eta_{is} = 0{,}96$

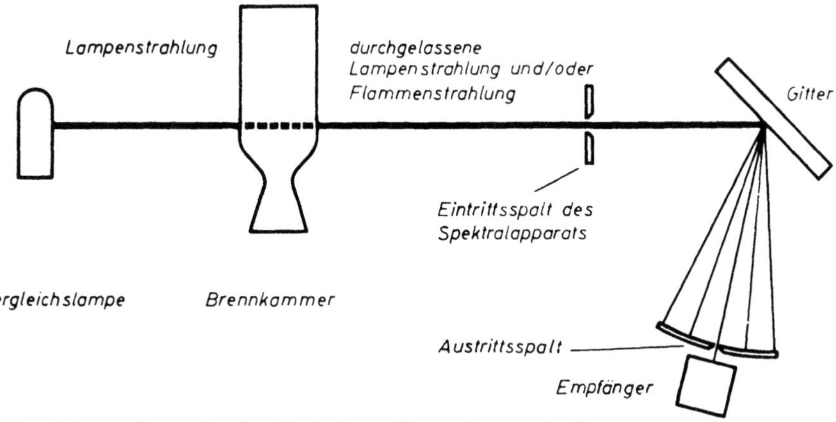

Abb. 29 Schema der spektralen Emissions-Absorptionsmethode

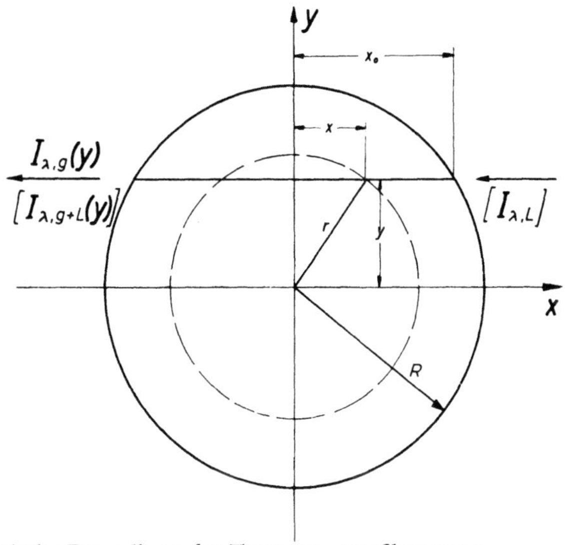

Abb. 30 Schematische Darstellung der Temperaturprofilmessung

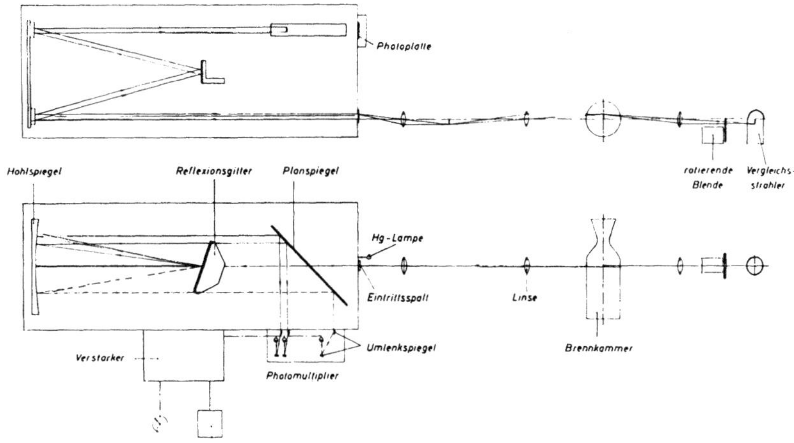

Abb. 31 Schema der Temperaturmeßanordnung und des Strahlenganges im 3,4-m-Ebert-Gitterspektrographen

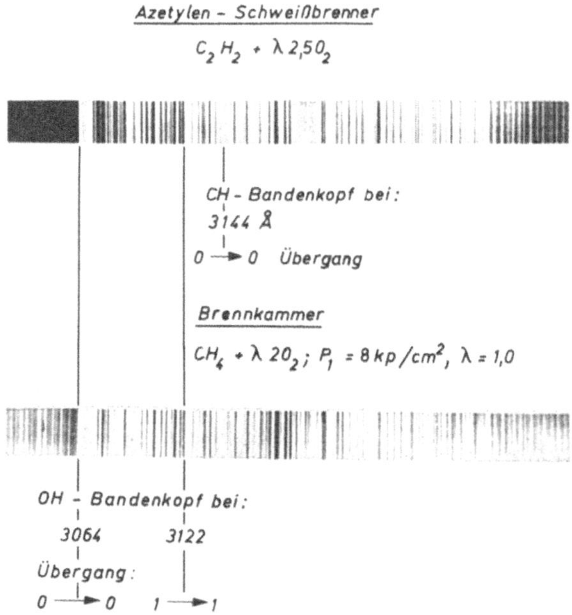

Abb. 32 Vergleich des Schweißbrennerflammenspektrums mit dem am Brennkammerende gemessenen Flammenspektrum

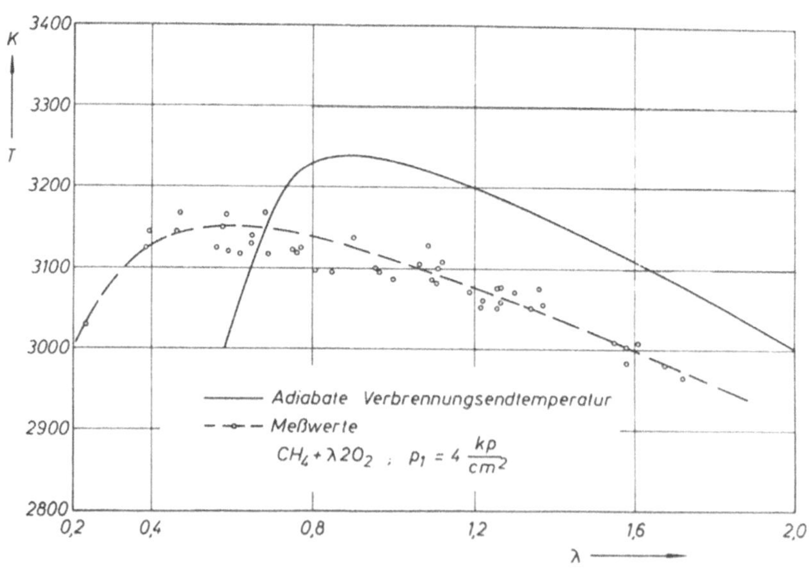

Abb. 33 Reproduzierbarkeit der Temperaturmessung am Brennkammerende bei Verwendung der Emissions-Absorptionsmethode mittels des OH-Bandenkopfes bei 3064 Å
$CH_4 + \lambda\,2\,O_2$ $p_1 = 4$ kp/cm² $L^* = 8$ m

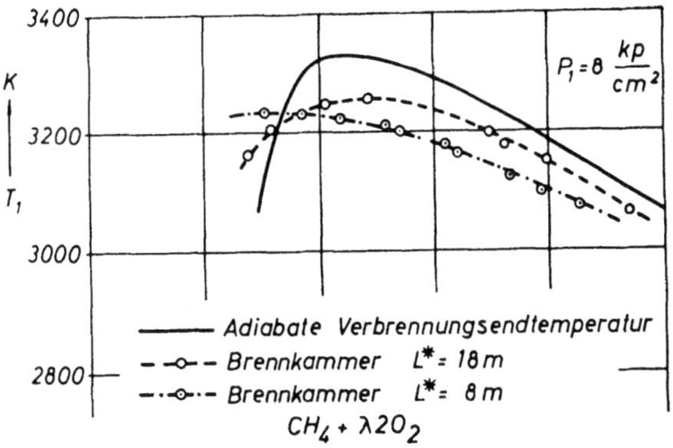

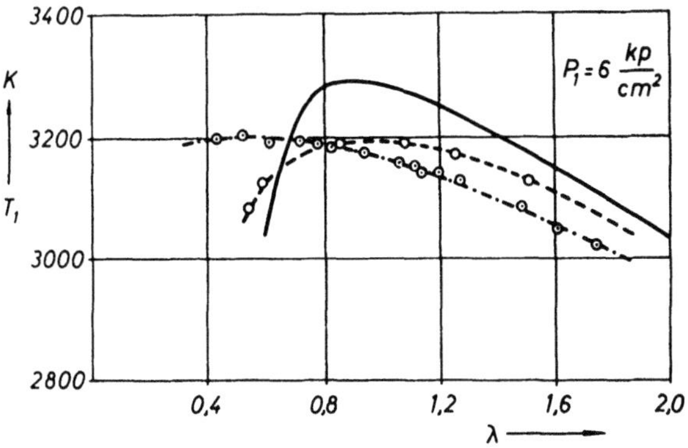

Abb. 34 Gemessene Verbrennungsendtemperaturen an zwei Brennkammern verschiedener Größe
Emissions-Absorptionsmethode mittels OH-Bandenkopf bei 3064 Å
$CH_4 + \lambda\, 2\, O_2$

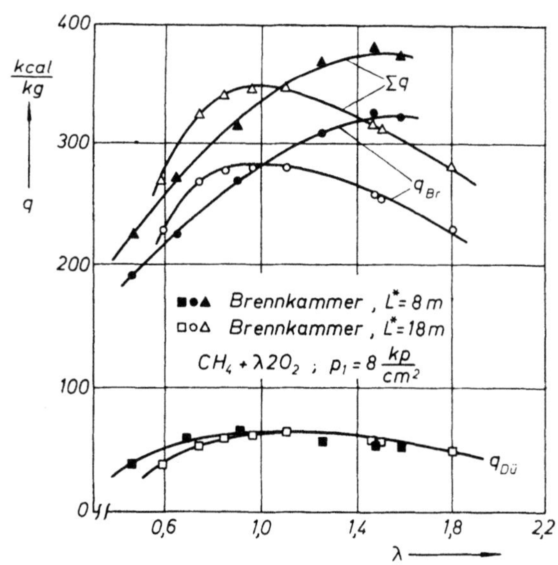

Abb. 35 Gemessene abgeführte Wärmemenge pro kg Gas in der Brennkammer und Düse in Abhängigkeit vom Oxydationsverhältnis und der Brennkammergröße
$CH_4 + \lambda\, 2\, O_2 \quad p_1 = 8\ kp/cm^2$

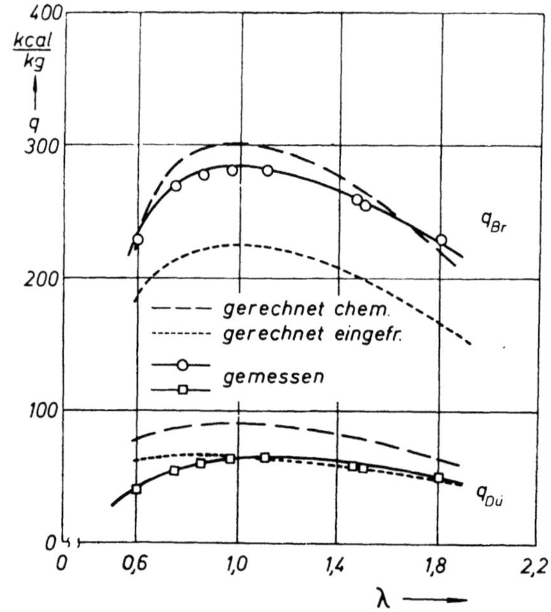

Abb. 36 Vergleich zwischen gemessener und berechneter Wärmeabfuhr in der Brennkammer und Düse in Abhängigkeit vom Oxydationsverhältnis
$CH_4 + \lambda\, 2\, O_2$ $p_1 = 8$ kp/cm^2 $L^* = 18$ m

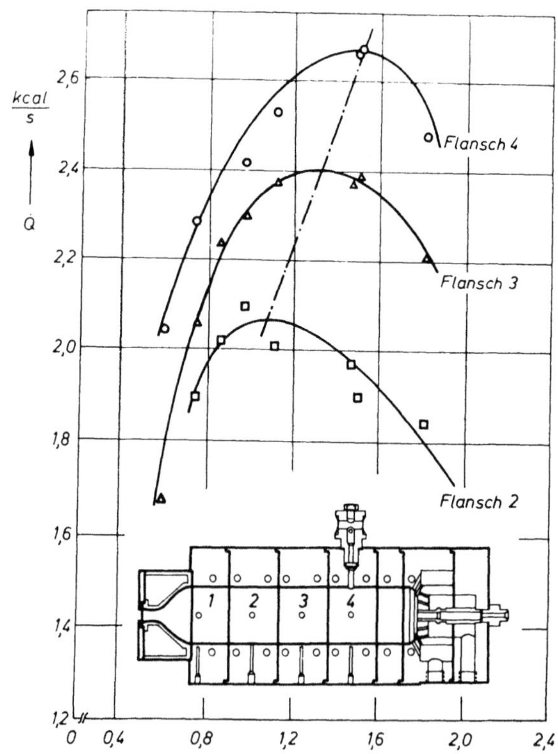

Abb. 37 Gemessene abgeführte Wärmemenge in den einzelnen Brennkammerflanschen in Abhängigkeit vom Oxydationsverhältnis
$CH_4 + \lambda\, 2\, O_2$ $p_1 = 8$ kp/cm^2 $L^* = 18$ m

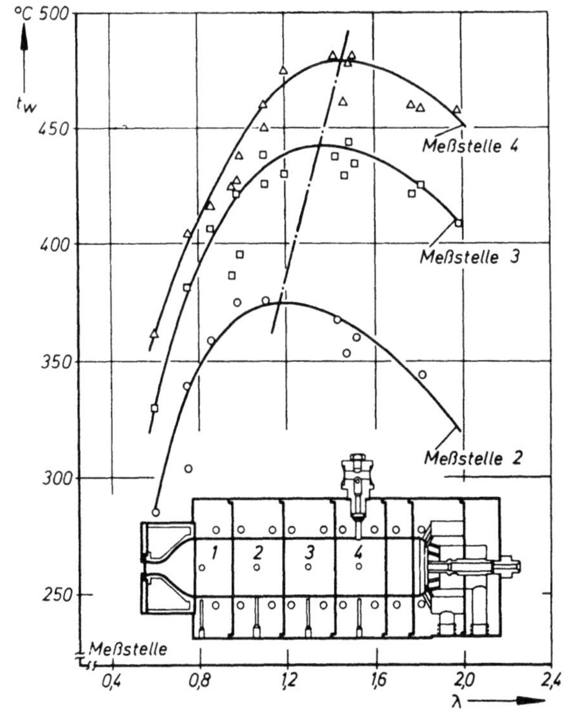

Abb. 38 Gemessene Wandtemperaturen in den einzelnen Brennkammerflanschen in Abhängigkeit vom Oxydationsverhältnis
$CH_4 + \lambda\, 2\, O_2$ $p_1 = 8\ \text{kp/cm}^2$ $L^* = 18\ \text{m}$

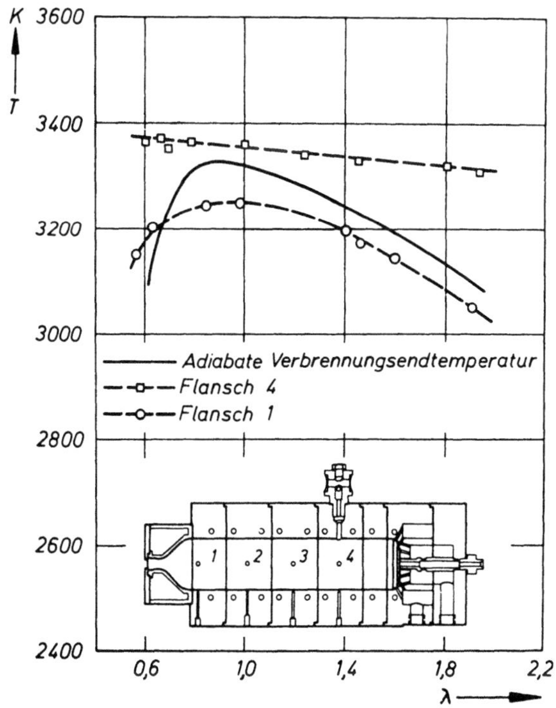

Abb. 39 Gemessene Verbrennungstemperaturen am Brennkammeranfang und Brennkammerende in Abhängigkeit vom Oxydationsverhältnis
$CH_4 + \lambda\, 2\, O_2$ $p_1 = 8\ \text{kp/cm}^2$ $L^* = 18\ \text{m}$

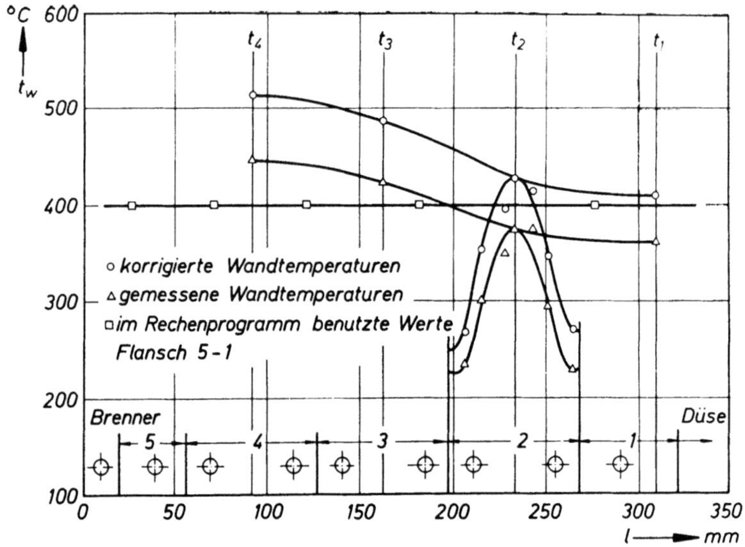

Abb. 40 Gemessene (maximale) Wandtemperaturen längs der Brennkammerachse und Wandtemperaturverteilung in Flansch 2

$CH_4 + \lambda\, 2\, O_2$ $\lambda = 1$ $p_1 = 8$ kp/cm² $L^* = 18$ m

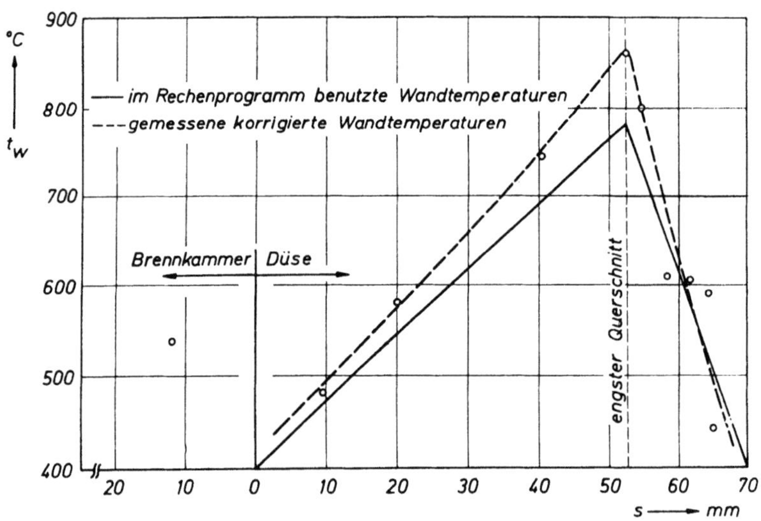

Abb. 41 Gemessene Wandtemperaturen längs der Düsenachse

$CH_4 + \lambda\, 2\, O_2$ $\lambda = 1$ $p_1 = 4$ kp/cm² $L^* = 8$ m $d_{min} = 15$ mm

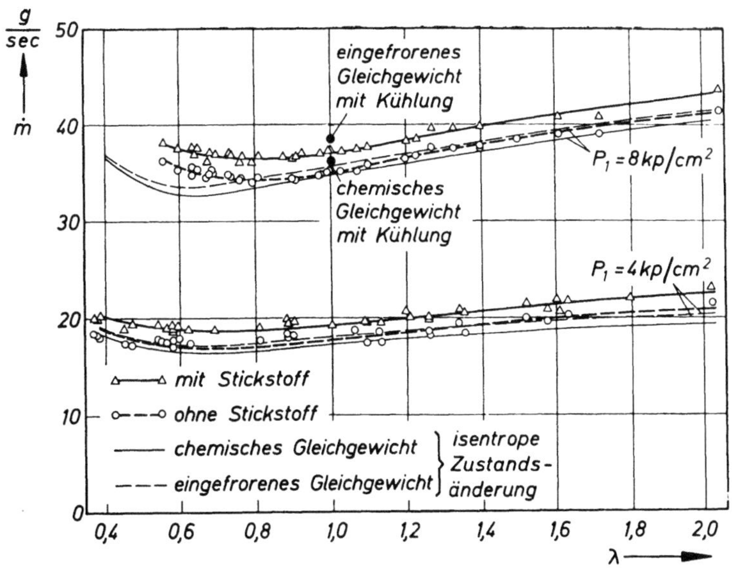

Abb. 42 Vergleich zwischen berechnetem und gemessenem Massendurchsatz in Abhängigkeit vom Oxydationsverhältnis
$CH_4 + \lambda\, 2\, O_2 \quad L^* = 8$ m

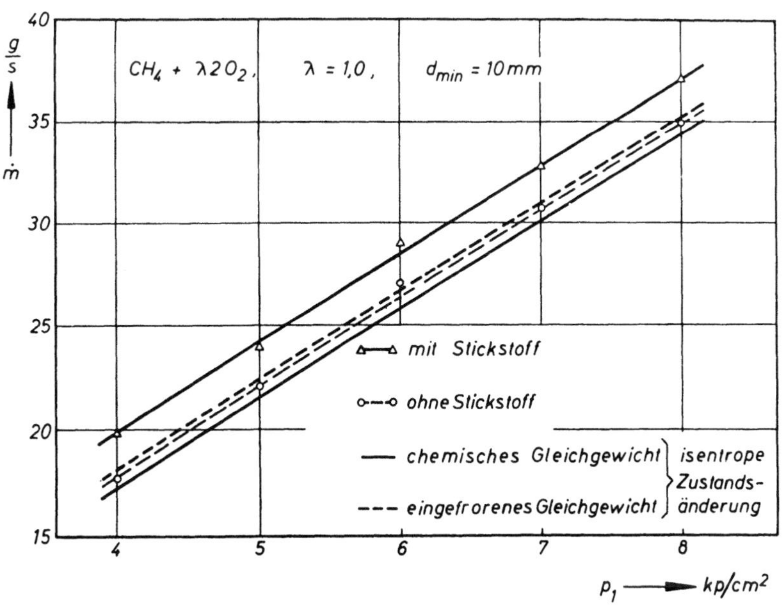

Abb. 43 Vergleich zwischen berechnetem und gemessenem Massendurchsatz in Abhängigkeit vom Brennkammerdruck
$CH_4 + \lambda\, 2\, O_2 \quad \lambda = 1 \quad L^* = 8$ m

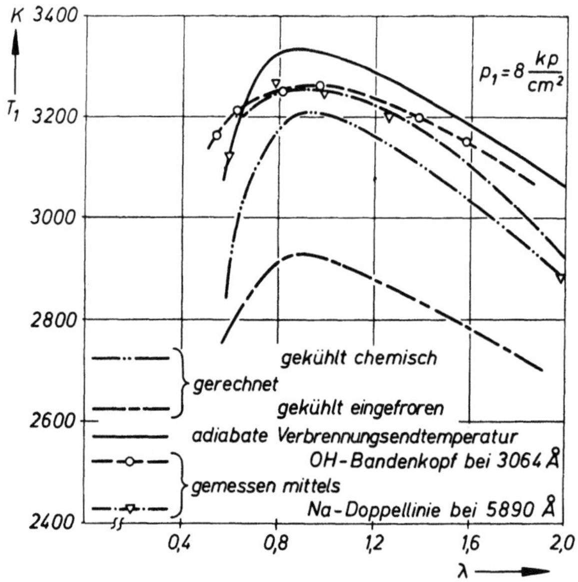

Abb. 44 Vergleich zwischen gemessenen und berechneten Gastemperaturen am Brennkammerende
Emissions-Absorptionsmethode
$CH_4 + \lambda\, 2\, O_2$ $p_1 = 8$ kp/cm² $L^* = 18$ m

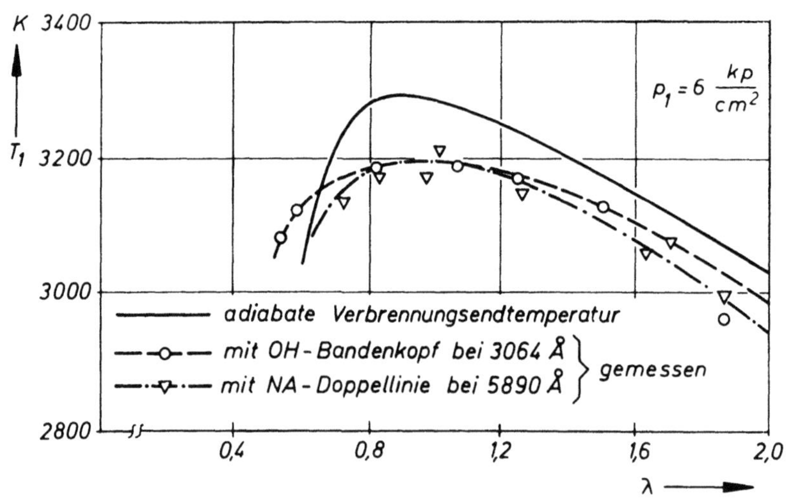

Abb. 45 Gemessene Gastemperaturen am Brennkammerende
Emissions-Absorptionsmethode
$CH_4 + \lambda\, 2\, O_2$ $p_1 = 6$ kp/cm² $L^* = 18$ m

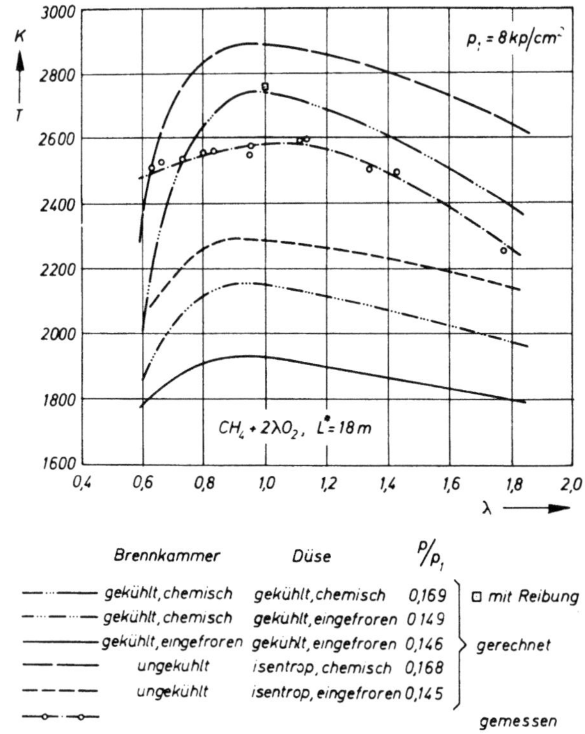

Abb. 46 Vergleich zwischen gemessenen und nach verschiedenen Expansionshypothesen berechneten Temperaturen am Düsenende
Emissions-Absorptionsmethode, Na-Linie bei 5890 Å

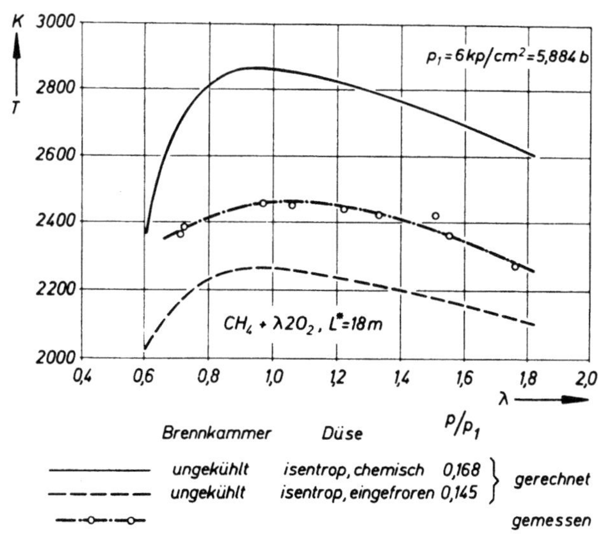

Abb. 47 Vergleich zwischen gemessenen und für isentrope Expansion berechneten Temperaturen am Düsenende
Emissions-Absorptionsmethode, Na-Linie bei 5890 Å

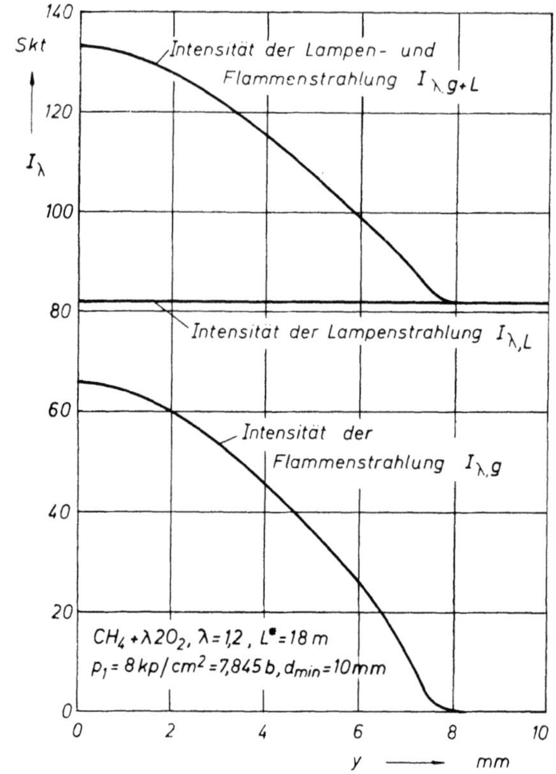

Abb. 48 Gemessene Intensitätsprofile am Düsenende
Na-Linie bei 5890 Å
$CH_4 + \lambda\, 2\, O_2$ $\lambda = 1{,}2$ $p_1 = 8$ kp/cm^2 $L^* = 18$ m $d_{min} = 10$ mm

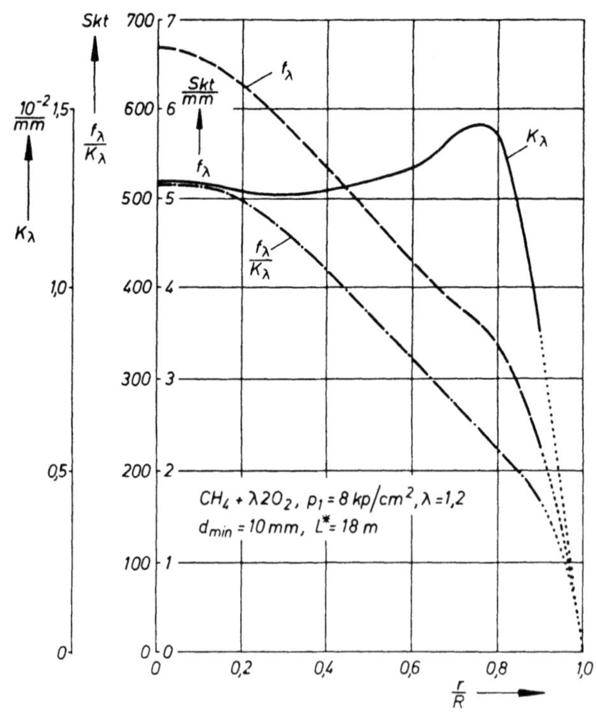

Abb. 49 Radiale Verteilung der Emissions- und Absorptionskoeffizienten am Düsenende
$CH_4 + \lambda\, 2\, O_2$ $\lambda = 1{,}2$ $p_1 = 8$ kp/cm^2 $L^* = 18$ m $d_{min} = 10$ mm

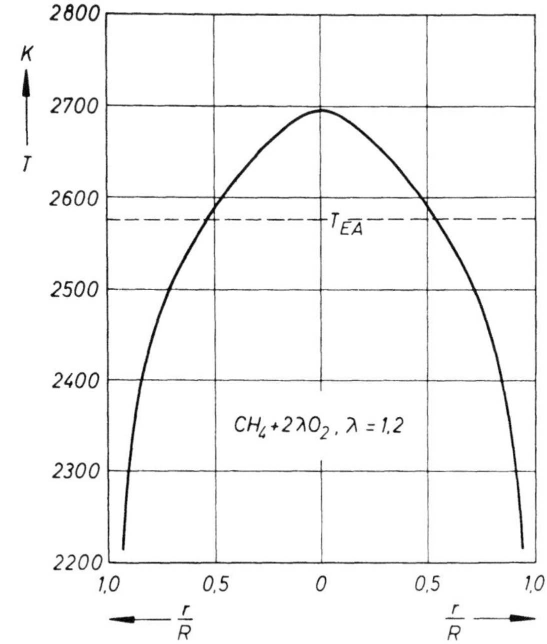

Abb. 50 Radiale Temperaturverteilung am Düsenende
$p_1 = 8$ kp/cm² $L^* = 18$ m $d_{min} = 10$ mm

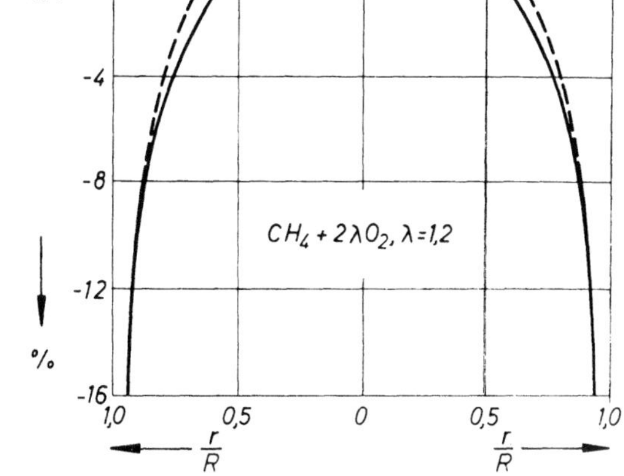

Abb. 51 Temperaturprofile am Düsenende, bezogen auf die Temperatur nach der Emissions-Absorptionsmethode, für zwei Düsen verschiedener Größe
$L^* = 18$ m bei $d_{min} = 10$mm $L^* = 8$ m bei $d_{min} = 15$ mm

Forschungsberichte des Landes Nordrhein-Westfalen

Herausgegeben im Auftrage des Ministerpräsidenten Heinz Kühn
von Staatssekretär Professor Dr. h. c. Dr. E. h. Leo Brandt

Sachgruppenverzeichnis

Acetylen · Schweißtechnik
Acetylene · Welding gracitice
Acétylène · Technique du soudage
Acetileno · Técnica de la soldadura
Ацетилен и техника сварки

Arbeitswissenschaft
Labor science
Science du travail
Trabajo científico
Вопросы трудового процесса

Bau · Steine · Erden
Constructure · Construction material · Soilresearch
Construction · Matériaux de construction · Recherche souterraine
La construcción · Materiales de construcción · Reconocimiento del suelo
Строительство и строительные материалы

Bergbau
Mining
Exploitation des mines
Minería
Горное дело

Biologie
Biology
Biologie
Biologia
Биология

Chemie
Chemistry
Chimie
Quimica
Химия

Druck · Farbe · Papier · Photographie
Printing · Color · Paper · Photography
Imprimerie · Couleur · Papier · Photographie
Artes gráficas · Color · Papel · Fotografía
Типография · Краски · Бумага · Фотография

Eisenverarbeitende Industrie
Metal working industry
Industrie du fer
Industria del hierro
Металлообработывающая промышленность

Elektrotechnik · Optik
Electrotechnology · Optics
Electrotechnique · Optique
Electrotécnica · Optica
Электротехника и оптика

Energiewirtschaft
Power economy
Energie
Energía
Энергетическое хозяйство

Fahrzeugbau · Gasmotoren
Vehicle construction · Engines
Construction de véhicules · Moteurs
Construcción de vehículos · Motores
Производство транспортных средств

Fertigung
Fabrication
Fabrication
Fabricación
Производство

Funktechnik · Astronomie
Radio engineering · Astronomy
Radiotechnique · Astronomie
Radiotécnica · Astronomía
Радиотехника и астрономия

GPSR Compliance

The European Union's (EU) General Product Safety Regulation (GPSR) is a set of rules that requires consumer products to be safe and our obligations to ensure this.

If you have any concerns about our products, you can contact us on ProductSafety@springernature.com

In case Publisher is established outside the EU, the EU authorized representative is:

Springer Nature Customer Service Center GmbH
Europaplatz 3
69115 Heidelberg, Germany

Batch number: 10584556

Printed by Printforce, the Netherlands